LE SANG : IMAGINAIRE ET RÉALITÉS

Des excès de la saignée à la transfusion sanguine

Médecine à travers les siècles

Collection dirigée par le Docteur Xavier Riaud

L'objectif de cette collection est de constituer « une histoire grand public » de la médecine ainsi que de ses acteurs plus ou moins connus, de l'Antiquité à nos jours.
Si elle se veut un hommage à ceux qui ont contribué au progrès de l'humanité, elle ne néglige pas pour autant les zones d'ombre ou les dérives de la science médicale.
C'est en ce sens que – conformément à ce que devrait être l'enseignement de l'histoire –, elle ambitionne une « vision globale » et non partielle ou partiale comme cela est trop souvent le cas.

Dernières parutions

Georges TRAVERT, *La mucoviscidose. Histoire d'une aventure médicale et humaine*, 2019.
Maître Antoine BOIREL, *Chirurgien de campagne sous le Roi-Soleil. Traité des playes de teste 1674*, présenté par Françoise Guillon-Metz, 2019.
Xavier RIAUD, *L'or dentaire des nazis*, 2019.
Isabelle CAVÉ, *Les accidents professionnels. Enjeux sociaux et médicaux de la loi du 10 avril 1898. Les préludes à la médecine du travail*, 2019.
Philippe SCHERPEREEL, *André Vésale et Ambroise Paré. Destins croisés d'un anatomiste et d'un chirurgien à la Renaissance*, 2019.
Mathilde LONGUEVILLE, *Art dentaire en Préhistoire. Etat des connaissances et reconstitution expérimentale*, 2019.
Morgane MORICE, *Reconstitutions faciales chez les momies égyptiennes*, 2019.
Gérard TERRIER, *Us et coutumes de la salle de garde*, 2019.
Xavier RIAUD, *Adn, dents et maladies*, 2019.
Philippe SCHERPEREEL, *Eugène-Louis Doyen. Chirurgien génial et scandaleux de la Belle Époque*, 2018.
Maxime COURNAULT, *Un ordre pour les chirurgiens-dentistes en France. 24 septembre 1945*, 2018.

Philippe Scherpereel

LE SANG : IMAGINAIRE ET RÉALITÉS

Des excès de la saignée à la transfusion sanguine

L'Harmattan

Du même auteur

The Book Edition

Au-delà des sens : l'énigme de la beauté, 2012.
Enigme du temps et de l'espace, 2013.
Les plumes du paon, 1re édition, 2013.
Un secret bien gardé, 2014.
Tout a son contraire, 2014.
Liberté, égalité, fraternité. La fin d'un mythe ?, 2015.
Aujourd'hui c'est déjà demain, 2de édition, 2018.
Les plumes du paon, 2de édition, 2019.

Editions L'Harmattan

Médecins et infirmières dans la guerre de Crimée, 2016.
Pietro d'Abano, Médecin et Philosophe de Padoue, 2016.
Albert Calmette, « Jusqu'à ce que mes yeux se ferment », 2016.
Philosophie et médecine, 2017.
Histoire de la Faculté de Médecine et des Hôpitaux de Lille, 2018.
Eugène-Louis Doyen, 2018.
André Vésale et Ambroise Paré, 2019.

5-7, rue de l'Ecole-Polytechnique, 75005 Paris
http://www.editions-harmattan.fr
ISBN : 978-2-343-19159-1
EAN : 9782343191591

L'IMAGINAIRE DU SANG

De la préhistoire à Freud, en passant par les mythologies de l'antiquité, le sang a généré de multiples fantasmes, mythes et symboles, inspirant les conduites sociales et religieuses. Même si son rôle ne fut que tardivement établi avec les découvertes de la circulation, du transport de l'oxygène et du gaz carbonique, des nutriments à l'ensemble des cellules de l'organisme, il fut très vite assimilé à la vie et même à la métaphysique de l'être. Dans le Lévitique, il est écrit : « *Car le sang, c'est l'âme* » Lévitique, XII, 20, et « *L'âme de la chair est dans le sang* » Lévitique, XVII, 11. Le sang véhicule une double image, celle de la venue au monde et celle de la mort, aux deux extrémités de la vie, étant la vie elle-même. Il a un double effet, créateur et destructeur, et comme le feu, il exprime la violence. Dans les peuplades africaines, comme les Dogons, le sang représente la vie, le mouvement. Dans la poétique chinoise, « *en nous s'ébattent le souffle et le sang comme le vent et la pluie dans l'univers* ».

Dès la préhistoire, le sang apparait sous forme de blessures d'animaux représentés sur les parois des cavernes à des profondeurs où nos ancêtres ne pouvaient pas installer leur habitat. Au premier degré, ces gravures rupestres figurent l'activité des chasseurs dessinée et gravée avec un art déjà très abouti, célébrant de hauts faits cynégétiques. Les techniques utilisaient des peintures à base de graisses animales, d'urine transformant les graisses en émulsions et de sang, dont le sérum est utilisé comme colle. Les couleurs provenaient de substances naturelles : bâtons noirs de fusain ou de cep de vigne, bleu de hêtre, ocre jaune d'une terre chargée d'oxyde de fer, ocre rouge d'une terre d'aluminium, la bauxite, terre de manganèse, calcination d'os produisant une poudre blanche de phosphate tétracalcique comme à Lascaux. Pour Georges Bataille, cette représentation de l'animal blessé est une transposition de l'homme blessé et de sa crainte de la mort. André Leroi-Gourhan, à propos de la grotte de Niaux dans l'Ariège, écrit : « l'ocre rouge principal symbole paléolithique, par sa couleur, a dû être assimilée au sang et à la vie, mais il est bien difficile d'en dire plus ». Il y voit un symbole de la mort, mais aussi de la vie suggéré par la figuration des sexes. L'Abbé Breuil y voyait une dimension incantatoire liée à la chasse d'animaux dont pour beaucoup ils ne pouvaient pas se nourrir. Aujourd'hui on privilégie l'hypothèse de pratiques rituelles réunissant un petit groupe d'initiés. Elie Faure va plus loin dans l'interprétation en y voyant une première expression d'une religion, conjurant les terreurs que l'univers hostile inspire à l'homme et son bonheur de les vaincre. L'origine des sacrifices humains est inconnue mais pourrait remonter au moins au paléolithique supérieur. Pour René Girard, la réflexion anthropologique a longtemps perçu le sacrifice sanglant comme une espèce d'énigme qu'elle s'est efforcée de résoudre sans y parvenir.

Le sang tient une place centrale dans les trois religions du Livre. De la conception biblique, exprimée dans le Lévitique, découle l'interdiction faite par Dieu : « *vous ne mangerez pas de chair avec son âme, le sang* ». Cette prescription est reprise dans le Deutéronome : « *Tu ne mangeras pas le sang, car le sang c'est l'âme, et tu ne mangeras pas l'âme avec la chair* ». De cet ordre divin découle la tradition Kasher, et du hadith du prophète, assimilant le sang à « *l'âme liquide* », la prescription de la viande hallal. Le judaïsme et l'islam reconnaissent l'obligation de ne pas manger un animal étouffé, de saigner l'animal avant de manger la viande et l'interdiction de tuer en faisant couler le sang. Le christianisme a rapidement abandonné les règles de la cacherout, mais l'interdit du sang, issu des sept lois noahides, données à Noé en gage d'alliance, est repris dans les Actes des Apôtres où Jacques suggère « *que l'on ne crée pas de difficultés à ceux des païens qui se convertissent à Dieu mais qu'on leur écrive de s'abstenir des souillures des idoles, de l'impudicité, des animaux étouffés et du sang* ». Il est souvent rapporté que l'Église catholique aurait proclamé son hostilité au sang lors du concile de Tours en 1163 par la célèbre phrase : « *Ecclesia abhorret a sanguine* » qui fera considérer la chirurgie comme une barbarie et entravera la pratique des dissections anatomiques. En réalité, c'est le quatrième concile du Latran, en 1215, qui va explicitement interdire aux clercs la pratique de la chirurgie. Cette phrase, que l'on ne retrouve pas dans les canons conciliaires, apparait pour la première fois dans un texte de François Quesnay en 1744, comme le mentionne Jean-Noël Fabiani.

Le Bouddhisme, issu de l'enseignement du Bouddha Sakyamuni au Vème siècle avant notre ère, adopte le principe de l'Ahimsa qui est celui de la non-violence et du respect de la vie, tant humaine qu'animale. Cependant, des épisodes de violence marquent l'histoire du bouddhisme jusqu'à nos jours, bien loin de la doctrine initiale de Bouddha. L'empereur des Indes, Asoka, dont le règne débute en 273 avant notre ère, sera très choqué par la violence et le sang que son armée a versé à la bataille de Kalinga. Suivant le principe de l'Ahimsa, il impose le végétarisme, interdit les rituels sanglants ainsi que la torture. Ce principe est encore observé dans une majorité de formes de bouddhisme.

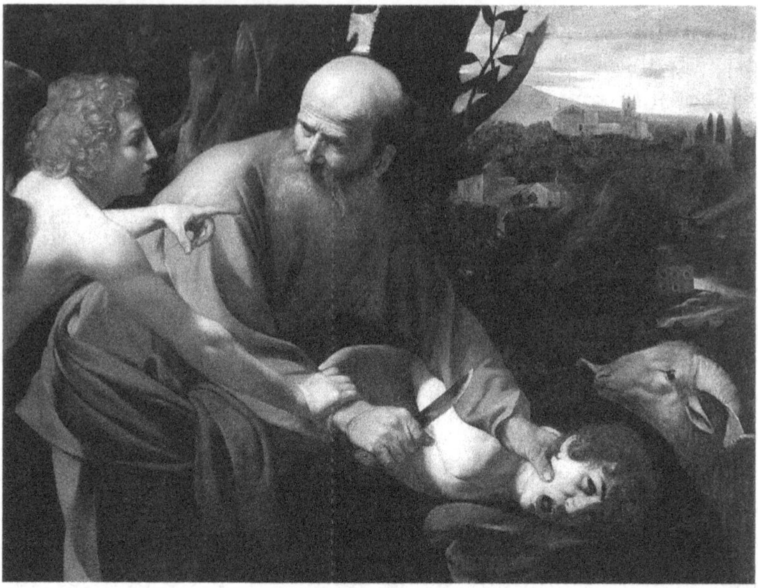

1. Michelangelo Merisi, dit Le Caravage,
Le sacrifice d'Isaac,
Galleria delle Statue e delle Pitture degli Uffizi, inv. 1890 n. 4659.

L'offrande du sang était le sacrifice ultime réclamé par les dieux ou spontanément offert par les hommes pour obtenir leurs bonnes grâces. Les exemples pullulent dans les mythologies et les diverses religions, allant de l'égorgement d'animaux aux sacrifices humains. Jean-Paul Roux relate les innombrables sacrifices sanglants tant humains qu'animaux à travers les multiples cultes dans toutes les civilisations. Jephté eut l'imprudence de promettre à Dieu le sacrifice de la première personne qui viendrait à sa rencontre après sa victoire, et ce fut malheureusement sa fille bien-aimée. L'épisode du sacrifice d'Isaac exigé par Dieu à Abraham raconté dans la Bible, illustre à la fois la cruauté de Dieu et sa mansuétude. Demander à un père d'égorger son fils unique pousse à l'extrême l'abnégation de la créature face à la puissance divine, que Dieu reconnaîtra en arrêtant le bras qui s'apprête à trancher la gorge. Ce sera un bouc dont les cornes se sont malencontreusement enchevêtrées dans un buisson qui fera les frais de l'opération car il faudra bien que du sang coule pour honorer Dieu. Le sacrifice demandé à Ibrahim (Abraham) concerne Ismael et non Isaac dans la religion musulmane, qui commémore ce sacrifice par la plus grande fête, l'Aïd el-Kebir, au cours de laquelle chaque famille devra sacrifier un mouton en l'égorgeant couché sur le flanc gauche et la tête tournée vers La Mecque.

La mythologie grecque abonde en exemples de sacrifices humains. *Les sanctuaires des dieux ruissellent de sang* faisait dire Euripide à Poséidon dans *Les Troyennes*. Le sacrifice d'Iphigénie, constitue le pendant de celui d'Isaac. Iphigénie, fille d'Agamemnon devra être sacrifiée à Artémise, courroucée par une offense d'Agamemnon. Les vents contraires qu'elle a suscités pour empêcher Agamemnon de voguer vers Troyes ne se lèveront que s'il offre sa fille en sacrifice. Iphigénie accepte de mourir mais au moment du sacrifice, Artémise enlève Iphigénie et la remplace in extremis par une biche. Clytemnestre, pensant qu'il a tué sa fille, se vengera en tuant Agamemnon à son retour de Troyes et Oreste tuera sa mère, meurtrière de son père. Oreste, poursuivi par les Erinyes pour le meurtre de sa mère, sera en proie à des crises de folie passagères jusqu'à ce que l'assemblée des citoyens d'Athènes, sur les conseils d'Athéna, décide de l'absoudre mettant fin à la malédiction des Atrides.

Les dieux et les héros de la mythologie grecque sont partagés entre leurs amours et la violence. Les Erinyes représentent ces démons malveillants, nés du sang des testicules d'Ouranos, tranchés par son fils Chronos. Avides de sang, nourries de sang, elles sont couvertes de sang et ont les yeux injectés de sang à la manière d'une meute de chiens dévorants les hommes et les enfants. Elles interviennent dans la plupart des tragédies, en particulier dans l'*Antigone* de Sophocle et dans *Les Choéphores* d'Eschyle, où Oreste les compare à des chiens dévorants qui vengent une mère. On les retrouve à Rome sous le nom des *Furies* et traversent la littérature jusqu'à Jean-Paul Sartre qui les fait intervenir dans *Les Mouches* : « *Nous connaîtrons le goût de son sang ce soir* ».

Asclépios reçut d'Athéna deux gouttes de sang de la Gorgone. L'une issue du côté droit de son corps ramenait les morts à la vie, l'autre provenant du côté gauche était un poison mortel. Asclepios fit un si bon usage du sang venant de la droite qu'il ressuscita nombre de mourants, en particulier Tyndare, ce qui déplut profondément à Hadès qui vint se plaindre à Zeus que le nombre de morts arrivant aux enfers risquait de beaucoup diminuer. Zeus foudroya Asclépios, mais reconnaissant qu'il avait été utile aux hommes le transforma en étoile dans la constellation du serpentaire dont on retrouve la trace dans la symbolique médicale, un serpent s'enroulant autour du bâton d'Asclépios, préfiguration du caducée. L'ambivalence du sang de la Méduse symbolise également le rôle du sang qui peut être bénéfique, la transfusion, ou maléfique, l'hémorragie et l'excès de saignée, association du sang source de vie et source de mort. Ambivalence encore, le sang répugne dans le même temps où il fascine, il peut être sacré et impur, et comme tout ce que l'on rencontre dans l'univers comporte l'inévitable coïncidence de son contraire, à la manière où l'ombre est indissociable de la lumière, la nuit du jour et la mort de la vie.

Les Aztèques, les Maïas et les Incas effectuaient une multitude de sacrifices sur les autels au sommet des temples. Avec des couteaux d'obsidienne on ouvrait les poitrines pour arracher les cœurs. Le cœur était présenté palpitant à la foule, des flots de sang coulaient de l'autel et le corps roulait le long des marches de la pyramide du temple. Les victimes pouvaient être des prisonniers de guerre, des esclaves, mais aussi des enfants, des jeunes filles et de jeunes garçons. Ce n'était ni un holocauste, ni une expiation, mais la contribution à un phénomène naturel. Né de la terre, le Soleil a anéanti les ténèbres et effacé les étoiles, et pour commencer sa course, il lui fallut du sang. Les dieux se sont sacrifiés : c'est de leur mort qu'il a tiré sa vie. Sa force déclinait au fil des jours et de l'année et il fallait lui donner du sang, dont il était avide, pour qu'il continue de réchauffer le monde.

Les métiers du sang, bourreaux et bouchers, font l'objet d'un opprobre de la société. Le bourreau est considéré comme un paria, ainsi que sa femme et ses enfants, et rejeté hors de la cité. Il devait être vêtu en permanence de l'habit qui le distinguait et porter à la main un petit bâton qui représentait l'échelle de la potence. Il possédait le droit de havage, consistant à prélever des denrées amenées aux halles qui étaient considérées comme invendables car souillées une fois qu'il les avait touchées. Ses filles ne trouvaient qu'à se marier avec un autre bourreau. Le boucher pâtissait du même rejet que le bourreau dont il occupait parfois les mêmes fonctions. Faute d'exécuteur des hautes œuvres, il était possible de « requérir bouchers ou tueurs d'aulcunes bestes ». Au Bouthan, royaume himalayen où le bouddhisme tantrique est religion d'État, il n'est pas recommandé de manger de la viande, et dans les danses folkloriques, comme lors du festival de Paro, le danseur incarnant le boucher est poursuivi et frappé par les autres danseurs.

Les anatomistes et les chirurgiens étaient également considérés comme des hommes de sang. Dans leur pratique, ils étaient souvent maculés de sang. L'Église et l'Inquisition surveillaient de près leur activité d'autant qu'il leur était difficile de se procurer des cadavres. Certains potentats locaux, comme le duc de Toscane, n'hésitaient pas, aux dires de Gabrielle Fallope, à livrer des criminels à des chirurgiens qui pouvaient les faire tuer, en reculant par exemple l'exécution à la saison froide, de manière à obtenir une meilleure conservation des corps pour mieux comprendre l'anatomie et la physiologie. À Alexandrie certains, comme Hérophile ou Erasistrate, se seraient livrés à la vivisection humaine, fermement condamnée par Celse. Lorsque les chirurgiens-barbiers pratiquaient des saignées à la demande des médecins, il leur était recommandé par Guy de Chauliac d'analyser la qualité du sang : « *Le bon sang doit être bien tempéré, pur, d'une couleur rouge, d'une odeur agréable, et de bon goût* ».

Le sang attire, comme l'illustre l'engouement, confinant à l'hystérie, des foules pour les combats de gladiateurs, la corrida, les exécutions capitales. L'exécution de Louis XVI fut suivie par une foule considérable, se bousculant pour être aspergée de son sang. C'était le sentiment d'une vengeance du peuple face à un personnage considéré comme un tyran, mais c'était aussi le goût du sang et son rapport avec la mort. Sacrifice expiatoire du monarque au peuple. S'adressant à la foule du haut de l'échafaud, le roi prononça quelques mots, vite couverts par le vacarme des roulements de tambour : « *Je prie Dieu que le sang que vous allez répandre ne retombe jamais sur la France* », se refusant à la malédiction du sang versé. Pilate, en s'en lavant les mains, se défile de la responsabilité de la mort du Christ, dont la foule assumera la responsabilité en hurlant « *que son sang retombe sur nous et sur nos enfants* ».

Le sang est souvent assimilé à une appartenance familiale : « *Viens, mon fils, viens mon sang* », dit Don Diègue dans *Le Cid*. Il est le témoin de la valeur : « *Bon sang ne saurait mentir* ». Il est aussi relié à une classe sociale, « *le sang bleu* » des « *princes de sang* ». La fraternité du sang peut unir deux êtres, des « *frères de sang* », d'une même famille ou deux personnes qui se lient par serment avec ce rite hautement symbolique du mélange des sangs. Présent chez certaines ethnies primitives, cette antique tradition du mélange des sangs se retrouve dans de nombreuses civilisations tout au long de l'histoire pour sceller un amour, une amitié, un pacte. À l'opposé le sang de nos ennemis est « *un sang impur* » dont il faudra « *abreuver nos sillons* ». Le prix du sang est le prix de la vengeance : « *le vengeur du sang mettra à mort le meurtrier... sang pour sang* ». Ce sera la base de la vendetta d'un individu, mais aussi le massacre d'ennemis et la vengeance d'un peuple. Les cités et les peuples vaincus par Tamerlan et Gengis Kahn se transformaient en montagnes de crânes, une tradition reprise récemment par les Khmers rouges au Cambodge. *Vae victis*, malheur aux vaincus, encore à la Renaissance, les officiers étant préservés pour obtenir rançon, les soldats étant systématiquement passés par les armes. Verser son sang pour la patrie, c'est parfois aussi s'acquitter de l'impôt du sang, lorsqu'on le fait de façon contrainte et obligée. C'est parfois une question d'honneur dans les duels à l'épée, s'achevant parfois par la mort mais s'arrêtant le plus souvent au premier sang versé.

Donner son sang, c'est en fait donner sa vie, pour quelqu'un qu'on aime ou pour la collectivité, la patrie. C'est le sacrifice suprême consenti. Il n'y a pas de plus grande preuve d'amour que de verser son sang pour ceux qu'on aime. Pour René Girard, le *bouc émissaire* devient l'*agneau de Dieu* qui détruit la représentation mythologique : « *Toute violence désormais révèle ce que révèle la passion du Christ, la genèse imbécile des idoles sanglantes, de tous les faux dieux, des religions, des politiques, des idéologies* ». Dans la religion chrétienne, la symbolique du sang tient une place essentielle car le sang est assimilé à la mort du Christ, « *ce sang qui sera versé pour vous et pour la multitude* » qui a une valeur expiatoire « *en rémission des péchés du monde* ». Cette symbolique devra se poursuivre au cours des siècles sous la forme du vin : « *prenez et buvez-en tous car ceci est mon sang* ». Ce symbole très fort suscite toutefois deux interrogations : pourquoi le sang d'un Dieu peut-il subir une transsubstantiation en vin et pourquoi encourager à boire ce sang ? Y a-t-il un rapprochement avec les libations qui suivaient habituellement les sacrifices ? Boire le sang qui est la vie, c'est à la fois être pénétré de la vie du Christ et de sa force. De la mystique du sang du Christ naîtra une mythologie et la création de multiples reliques dont l'authenticité apparait douteuse aux esprits positifs. Saint Louis n'hésita pas à engager l'équivalent du budget annuel du royaume pour acquérir ces reliques et construire la Sainte Chapelle pour les accueillir. Plus crédibles sont les nombreux martyrs qui ont souffert leur supplice en union à la passion du Christ. Plus sujet à caution, les saignements que s'infligèrent des mystiques, comme Catherine de Sienne, ou les flagellants des processions de la Semaine Sainte en Andalousie, dont on peut rapprocher les chiites se fouettant au sang en souvenir du martyr d'Ali à Karbala. Les miracles des stigmates qui saignent, des hosties d'où perle du sang, les fioles de sang qui se liquéfient à date fixe sont multiples et, comme tout miracle, ne s'expliquent pas, mais pérennisent la mystique du sang. Gérard Tobelem détaille le comportement de Catherine de Sienne manifestant « *très tôt des signes d'anorexie profonde et d'exaltation mystique, s'infligeant les pires supplices pour imiter ceux que Jésus avait endurés lors de sa Passion* » « *écrivant dans son précieux sang* » avec le désir de s'y plonger et de le boire comme un lait nourricier.

Dans certaines ethnies africaines, comme les Massaïs, boire le sang en incisant une veine au cou de l'animal vivant confère au jeune guerrier force et courage. S'abreuver ou se nourrir du sang d'autrui a été à l'origine du mythe du vampire. Cette créature légendaire, issue des mythologies anciennes dans tous les continents et les civilisations antiques, associe l'inquiétude de l'au-delà et le mystère du sang. Le mythe se développe au XVIIIe siècle en Europe, mort-vivant revenant à la nuit tombée pour se nourrir du sang des vivants afin d'en tirer la force et rester immortel. Le vampire possède des canines pointues, lui permettant de mordre ses victimes au cou pour les vider de leur sang. La victime devient vampire à son tour. Vlad l'Empaleur, prince de Valachie, sera immortalisé sous le nom de Dracula dans le roman de Bram Stoker. Elisabeth Báthory, la « *comtesse sanglante* », qui tuait des jeunes filles pour se baigner dans leur sang afin de rester éternellement jeune alimenta également les fantasmes vampiriques. Ces superstitions continuent à alimenter abondamment la littérature et le cinéma, et la croyance se maintient en Roumanie et dans certaines sociétés ésotériques américaines. Les psychanalystes se sont penchés avec délectation sur ce mythe, révélateur pour Ernest Jones de désirs incestueux, pour John Markale d'une attirance amoureuse, pour Lacan du désir de succion de la mère et pour Freud, à des pulsions morbides de cannibalisme.

L'imaginaire du sang ne pouvait donc pas échapper aux psychanalystes et à Freud en particulier. Le mythe d'Œdipe allait lui fournir l'appellation du désir de tuer le père qu'il voyait dans chaque petit garçon. Il écrit dans Totem et Tabou que le sacrifice se réduit à « *un acte de camaraderie sociale entre la divinité et ses adorateurs, de communion entre les fidèles et leurs dieux* ». Sur la base d'une relecture des tragiques grecs et d'une argumentation serrée de la psychanalyse, René Girard récuse dans « La violence et le sacré » l'explication de la « violence fondatrice » et de la « victime émissaire ». Le sang constitue une des quatre humeurs reconnues par Empédocle, théorisées par Aristote et reprises tout au long de nombreux siècles. Les psychanalystes, comme beaucoup d'autres avant eux, y adjoignent le lait et le sperme, dont Françoise Héritier relève des théories anciennes sur leur genèse et leurs rapports. Dans bien des sociétés primitives, le lait et le sperme n'étaient que du sang blanchi. Toutes les sécrétions sortant du corps étaient reliées au sang, même les larmes que Saint Augustin appelait « *le sang de l'âme* ».

Dans la plupart des sociétés primitives, le sang des femmes en menstruation et en couches avait un caractère mystérieux, en particulier la périodicité des règles rythmée par le cycle de la lune. Il s'y attachait une croyance d'effets bénéfiques pour traiter les maladies ou sauver les récoltes, mais surtout d'impureté reconnue par deux religions monothéistes, qui survit dans les croyances populaires chrétiennes, même après le déni de l'impureté de la femme par le Christ lui-même. Dans le Lévitique il est écrit : « *Quand une femme éprouve un flux, son flux étant du sang qui est en son corps, elle sera sept jours dans sa souillure* ». Le Coran n'est pas moins explicite : « *Ils t'interrogeront sur les menstrues. Dis : c'est une impureté* ». Encore au XIXe siècle en France, on attribue au sang menstruel « *diverses propriétés malfaisantes telles que corrompre la viande, faire tourner le lait et les sauces, avorter les melons, s'opposer à la fermentation panaire, troubler le vin* ». De ces croyances dans l'inconscient collectif découlent de nombreux interdits faits à la femme dans ses périodes d'indisposition. Le plus souvent il s'agit d'interdire à la femme de s'approcher du feu, de l'eau et de l'habitat des hommes. Toute relation sexuelle est interdite pendant les règles. Le Lévitique condamne à mort ceux qui s'y livrent : « *Si un homme couche avec une femme qui a son indisposition et découvre sa nudité, s'il découvre son flux et qu'elle découvre le flux de son sang, ils seront retranchés tous les deux du milieu de leur peuple* ». Le Coran, affirmant la souillure des menstrues, stipule : « *Séparez-vous donc des femmes pendant les menstrues* ». Pour d'autres religions, « *avoir eu commerce avec une femme ayant ses règles* » est cause de damnation. La solution la plus radicale dans bien des cas fut d'isoler complètement la femme et de l'enfermer durant ces périodes.

Le sang épanché lors de l'accouchement est également considéré comme source d'impureté dont la femme, lors de ses relevailles, devra se laver dans une cérémonie de purification. Malgré l'Immaculée conception, la vierge Marie n'y échappera pas et devra dix jours après son accouchement se rendre au portique du temple pour offrir deux tourterelles au sacrificateur. Dans le Lévitique XII, 1-7, il est écrit : « *Lorsqu'une femme enfantera... elle sera impure... et lorsque les (7) jours de sa purification seront accomplis... elle apportera au sacrificateur, à l'entrée de la tente d'assignation, un agneau d'un an pour l'holocauste et un jeune pigeon ou une tourterelle pour le sacrifice d'expiation. Le sacrificateur les immolera devant l'Éternel et fera pour elle expiation et elle sera purifiée du flux de son sang* ». Les ethnologues, comme Lévy-Bruhl, remarquent que le sang, principe de vie et de force, a les mêmes vertus que l'eau, qui sera l'instrument de la purification que l'on retrouvera dans la symbolique du baptême, comme pendant de la rédemption du sang, dans l'Eucharistie. Le vin symbole du sang, « *prenez et buvez en tous, car ceci est mon sang* » est reçu par le fidèle avec un souhait d'une étrange violence : « *et sanguis quem potavi adhereat visceribus meis* ». Dans la tradition ésotérique, le sang est lié au prix à payer pour atteindre la Connaissance, assimilé aux renoncements pour atteindre la sagesse. Le rêve de sang représente la nécessité d'abandonner la fortune et la possession. Se vider de son sang c'est la possibilité de s'emplir d'un sang nouveau.

Pour un psychanalyste, comme Serge Vallon, le dégoût du sang est archaïque. Il fait partie de ces terreurs fondamentales que sont la peur du noir, de la solitude et des phénomènes naturels inconsciemment synonymes de danger. Le sang est considéré comme « *signe de vitalité tant qu'il est à l'intérieur. Dès lors qu'il sort, devient visible, il est la manifestation d'une vitalité qui nous échappe. Il parle de mort* ». Angoisse de mort, le sang est aussi un tabou social. « *La peur du sang a longtemps été maîtrisée par des pratiques culturelles : le sacrifice, la chasse, les rituels entourant l'abattage des animaux... À travers elles, l'homme reprenait le contrôle de son aversion* ». Aujourd'hui, ces pratiques ont pratiquement toutes disparu. « *Notre société aseptisée a fait du sang une impureté donc un tabou* » susceptible d'expliquer l'émergence de réactions phobiques, par une cristallisation de peurs enfouies. Selon Serge Vallon, la phobie est propre à une structure psychique qui consiste à retenir les pulsions agressives intérieures : « *Le phobique a peur de laisser-aller ce qui agite son intériorité psychique. Il déplace son agressivité sur son intériorité physique : le sang métaphore de la vie ou de la mort* ».

L'interprétation des rêves a toujours passionné les hommes comme en témoignent déjà des textes babyloniens et égyptiens. L'unique traité d'interprétation des rêves, datant du second siècle de notre ère, est l'*Onirocritique* d'Artémidore de Daldis, dont Freud s'inspira pour écrire en 1900 *Le rêve et son interprétation.* Pour Artémidore, dans la tradition grecque, le sang est en lien avec ce qui circule entre les êtres humains et qui constitue un élément important des échanges c'est-à-dire l'argent. Le rêve de sang est, selon lui, relié avec un apport ou une perte d'argent. Pour le prophète Mahomet, le rêve revêt une grande importance et doit influencer la conduite de la vie. L'interprétation des rêves occupe donc une grande place dans la religion musulmane. Rêver de sang en Islam, représente la vie, la sexualité, mais aussi la rage et la colère. Rêver de sang dans les yeux annonce des temps difficiles, et d'avoir du sang sur les mains, une situation hors de contrôle.

Pour Sigmund Freud, les rêves de sang correspondent à un désir de relations sexuelles, non pas avec une personne précise, mais plutôt l'expression d'une libido qui a besoin de s'exprimer dans l'emphase. C'est l'expression d'une pulsion forte et impérieuse. Freud associe le rouge du sang avec la passion dévorante et la force de la libido. L'interprétation de Carl Gustav Jung est que l'accès à l'*œuvre au rouge* correspond à une prise de conscience personnelle nécessaire à son rapport au monde et aux autres. C'est une nouvelle vigueur qui s'installe dans le psychisme. L'ambivalence du sang répond à l'ambiguïté du rouge, qui provoque et entraîne, comme le drapeau, mais qui alerte et limite, comme les feux rouges.

Cet imaginaire du sang, comme Janus, a deux faces. L'une est d'une très grande noblesse car il est synonyme de la vie et même de l'âme. L'autre est marquée du sceau de l'impureté imposant des rites de purification. Cette dualité se retrouve dans la pratique médicale, avec un sang corrompu ou en excès dont il faut se défaire par la saignée. À l'opposé, la transfusion illustre la noblesse du sang à travers le don du sang et son importance pour rendre la santé et parfois même la vie à un patient ou un blessé. Cette ambivalence du sang n'est pas étrangère au mystère qui l'entoure. Depuis la préhistoire et la plus haute antiquité les hommes ont fantasmé sur cette humeur lui donnant des significations faute de connaître son rôle. Les cultes primitifs et les religions ont interprété son existence en l'entourant de rites et d'interdits ou en utilisant sa symbolique. Le sang est indissociable de la vie et donc de la mort.

HISTOIRE ET CONTROVERSES DE LA SAIGNÉE

Tout au long de vingt-cinq siècles de l'histoire de la médecine, d'Hippocrate au XXe siècle de notre ère, aucune thérapeutique ne fut aussi longtemps, aussi fréquemment utilisée et autant controversée que la saignée. Jussieu considéra que « le mérite de l'invention de la saignée devait être attribué à l'hippopotame » sur la foi de l'assertion de Pline l'Ancien qui rapportait que les hippopotames du Nil, malades, se lacéraient l'abdomen et les pattes en se frottant sur des roseaux brisés et coupants jusqu'à se faire saigner puis allaient se rouler dans la boue pour arrêter l'hémorragie. Walbaum, un médecin et naturaliste allemand, dans son livre *Disputacio De Venae Sectione* en 1749, soutenait encore cette fable totalement dénuée de preuves. Plus vraisemblablement, ce sont des pratiques religieuses et magiques qui apparurent en de nombreuses régions, se fondant sur des croyances « surnaturelles » liées au caractère mythique du sang. Guersent, en 1820, évoque une sorte de mimétisme médical. La constatation d'effets bénéfiques à la suite d'hémorragies accidentelles aurait incité les médecins à ouvrir les veines pour combattre les maladies. « *La simple observation des effets salutaires du flux menstruel, des hémorragies nasales et hémorroïdales, et de quelques autres hémorragies naturelles dans certaines maladies, a dû conduire nécessairement à imiter la nature* ». La pérennité de la saignée ne peut se comprendre si l'on ne fait pas référence à l'imaginaire du sang qui, depuis les débuts de l'humanité, a traversé les âges, les religions et les civilisations.

Si Hippocrate et ses élèves sont reconnus comme les premiers à avoir formalisé la description et codifié sa pratique dans la *Collection hippocratique*, la saignée est déjà citée dans le papyrus Ebers au XVIe siècle av. J.- C. où il est question de « *travailler la peau avec un silex jusqu'à ce quelle saigne* » ou de « *faire sur la jambe un traitement au couteau* ». La saignée est déjà reconnue par les Chinois comme un remède utilisé par les anciens Wou-Hou an de l'Asie centrale. L'inventeur de la saignée demeure inconnu et son utilisation apparut probablement en de multiples endroits, à des époques très reculées, dans des pratiques de sorcellerie ou de chamanisme, puis intégrée à des mythes, des rites et des religions. Les fils d'Esculape, Machaon, le chirurgien, et Podalire, le médecin, qui participèrent à la guerre de Troie, où Machaon fut tué, auraient pratiqué des saignées. Toutefois Homère, qui raconta cette guerre quatre siècles plus tard, n'y fait aucune allusion. Un vase à parfum grec du Vème siècle av. J.-C. au musée du Louvre montre de manière explicite sa pratique en Grèce avant même la publication du Corpus hippocratique.

L'explication basée sur la théorie hippocratique puis galénique des humeurs, déniant toute explication « surnaturelle », allait lui donner une justification « naturelle » qui allait l'accompagner pendant une vingtaine de siècles. Ces croyances, issues de la théorie des humeurs d'Empédocle, reprises par la philosophie d'Aristote, allaient perdurer, relayées comme un dogme par l'Église catholique et l'Inquisition jusqu'au-delà de la Renaissance. Dans sa référence à la médecine grecque, la médecine Perse et Arabe adoptait la saignée, pratiquée dans les bimaristans, dont la transmission à l'occident chrétien allait se faire par les Écoles de Salerne, avec Constantin l'Africain, et de Tolède, avec Gérard de Crémone. Malgré les découvertes anatomiques de Vésale et de la physiologie de la circulation par Harvey, la saignée survivra encore plusieurs siècles malgré des critiques et des railleries de plus en plus nombreuses.

Chantal Beauchamp exprime son étonnement et sa perplexité devant le fait que l'on ait pu inventer et surtout pratiquer sur de longs siècles une thérapeutique inquiétante et risquée au prétexte qu'elle soit susceptible de guérir tous les maux. Elle rappelle l'aphorisme de Léonard Botal (1577) : « *Le sang nouveau, revenant très vite, est toujours meilleur, sans impuretés. Le sang dans le corps humain est comme l'eau dans une bonne fontaine ; plus on en tire, plus il s'en trouve* ». Théorisée dès l'antiquité sur des bases anatomiques et physiologiques totalement erronées, la saignée a survécu bien au-delà des découvertes fondamentales sur la circulation et la respiration jusqu'à l'orée du XXe siècle malgré des controverses passionnées à toutes les époques. L'explication de cette pérennité tient sans doute en premier lieu au manque de traitements actifs à la disposition des médecins jusque dans un passé récent, mais aussi à l'imaginaire du sang paré d'une existence et de fonctions mythiques. La magie de ses débuts se poursuivra sous une forme occulte, en particulier dans les liens de sa prescription avec l'astrologie. Le développement de la pharmacopée moderne marquera la quasi-disparition de la saignée en dehors d'indications restreintes, tandis que la psychanalyse la dépouillera de sa signification profondément enfouie dans l'inconscient collectif. La saignée est indissociable de l'imaginaire qui s'attache au sang et des controverses opposant ses tenants inconditionnels à ses opposants déterminés.

CONTROVERSES DANS L'ANTIQUITÉ

Le sang circule dans l'organisme à la manière d'un réseau d'irrigation. La source en est le foie qui épure et cuit les aliments venus de l'estomac pour produire le sang qui se répand dans l'organisme où les organes qui l'absorbent en font leur chair. Le flux s'épuise à mesure qu'il se dirige vers la périphérie. Si les vaisseaux viennent à s'obstruer, le sang va stagner et les humeurs qu'il transporte risquent de fermenter et d'empoisonner le corps par des matières putréfiées produisant des engorgements, des congestions, des inflammations qui vont se traduire par des fièvres et des délires. La saignée, en permettant d'évacuer le sang et ses humeurs viciées, *saignée révulsive*, rétablit la circulation dans les vaisseaux et permet l'alimentation et la respiration des organes. L'apoplexie, reliée de façon simpliste à un excès de sang, relève quant à elle d'une *saignée déplétive*. Ce faisant, la saignée ne fait que copier la Nature qui est le premier médecin des maladies, « *Natura medicatrix* », comme peut l'être une épistaxis spontanée chez un adolescent ou un apoplectique. Les tentatives thérapeutiques ne visent qu'à contraindre la maladie et à combattre ses complications, afin de laisser à la Nature le temps pour rétablir l'équilibre physiologique. Cette conception de la médecine se poursuit jusqu'à l'époque actuelle, la réanimation par exemple se substituant temporairement aux grandes fonctions défaillantes pour laisser le temps à l'organisme de reprendre le dessus sur la maladie.

Hippocrate (460-370 av. J.-C.) et après lui Galien (129-200) relient la saignée à la théorie des humeurs dont Empédocle et Aristote furent les théoriciens. La santé est conditionnée par l'équilibre des quatre humeurs : le sang, le phlegme, la bile jaune et la bile noire, correspondant respectivement aux quatre éléments : l'air, l'eau, le feu et la terre, selon la théorie d'Empédocle reprise par Hippocrate. Suivant la prédominance de l'une ou l'autre de ces humeurs chez l'individu on aura différents tempéraments: sanguins, flegmatiques, colériques et mélancoliques. Ainsi, par exemple, Ambroise Paré, galéniste convaincu, au XVIe siècle, conservera intacte cette classification des quatre humeurs. Pour rétablir un déséquilibre des humeurs, il faut donc éliminer les mauvaises par des purgatifs, des lavements ou des saignées.

Hippocrate indique la saignée dans les fortes douleurs du foie et de la rate, dans la pneumonie et dans l'apoplexie cérébrale. Il la considère comme dangereuse et la contre-indique chez l'enfant et la personne âgée. Cinq siècles plus tard, Galien en élargit les indications et l'influence qu'il exercera sur la pratique de la médecine conduira à faire de la saignée une panacée jusqu'au XIXe siècle. Dès cette époque cependant, certains médecins comme Chryssipe de Cnide, vers 320 avant notre ère, et Erasistrate de Céos, son élève (320-250 av. J.-C.), qui selon Celse eut la possibilité, avec Hérophile de Chalcédoine, de pratiquer à Alexandrie la vivisection de criminels, seront des adversaires acharnés de la saignée, qu'ils préconisaient de remplacer par la diète et une bonne hygiène de vie. Galien se moquera de son refus de la saignée dans son ouvrage « *De la saignée contre Erasistrate* ».

Dès cette période une controverse apparut sur le côté où devait être pratiquée la saignée. Pour Hippocrate, Galien et Celse la saignée devait être faite du côté opposé au mal, mais Arétée, Aetius et les Arabes recommandaient le côté opposé. Au XVIe siècle, l'université de Salamanque avait interdit à tout médecin de saigner du côté malade, considérant cette méthode comme une hérésie. À la même époque, Pierre Brissot dans son livre « *De sanguinis missione in viscerum inflammationibus* » affirma que la saignée, suivant la traduction de Galien par Louis Savot « *Le livre de Galien, de l'art de guérir par la saignée* », en 1603, devait être homolatérale : « *vous choisirez sur tout les veines qui sont du mesme endroit que les parties affligées* ». Cette position quasi hérétique fut d'abord condamnée par la très dogmatique Faculté de médecine de Paris, puis ensuite encensée au vu de résultats favorables, probablement fortuits. Au XVIIIe siècle, le dilemme n'était toujours pas réglé.

Ce genre de querelle surgit également quand il se fut agi de savoir si l'incision devait être faite à proximité ou à distance du mal que l'on entendait soigner. Ce qui nous semble aujourd'hui n'avoir rigoureusement aucune importance a entretenu pendant des siècles des discussions byzantines, du même ordre que celles sur le sexe des anges. Cette querelle s'appuyait sur la conception que l'on avait alors de la circulation. Galien était adepte de la théorie du pneumatisme d'Athénée le Pamphylien, qui professait que les êtres sont animés par un souffle vital qui parvient au cœur par l'œsophage. Pour Galien, le sang était produit dans le foie où il recevait le *pneuma*, avant d'acquérir l'esprit vital dans le cœur et l'esprit animal dans le cerveau. Par le sang, le cœur transmet aux organes le pneuma et la chaleur. La vie est entretenue par des *pneuma* dont il existe trois variétés : le pneuma *psychique* qui diffuse du cerveau par les nerfs, le *vital* qui va du cœur vers les artères et le *physique* qui transporte des éléments nutritifs du foie au cœur par les veines. Il fallait donc admettre l'existence d'une circulation, mais Galien pensait qu'il y en avait deux, parallèles, l'une veineuse, de sang noir, servant à apporter les aliments aux organes, l'autre artérielle, de sang rouge, véhiculant le pneuma vital. La circulation supposant une communication, celle-ci se faisait par de minuscules pores invisibles à l'intérieur du cœur. On retrouvera encore en 1816, dans l'ouvrage de Nicolas Freteau, cette idée de deux sangs qui seraient de nature différente. La notion d'une circulation pulmonaire et d'une circulation systémique n'apparaîtra qu'avec Ibn Al-Nafis au XIIIe siècle, puis Michel Servet, André Vésale au XVIe et Harvey au XVIIe siècle. En 1628, Harvey fait paraître son livre *Exercice anatomique sur le mouvement du cœur et du sang chez les animaux* dans lequel il décrit parfaitement l'anatomie et la physiologie du cœur, reprend la description de la petite circulation, rend compte de la structure de la circulation générale, du pouls artériel et de l'existence des valvules des veines, décrites par Fabrice d'Aquapendente de Padoue, régissant le sens de la circulation de retour au cœur. « Le mouvement du cœur est en somme une contraction musculaire ». Cependant, les connaissances scientifiques dans les domaines du sang, du cœur et de la circulation apparues à ces différentes époques n'ont absolument pas fait disparaître ni même reculer la pratique de la saignée. Les tenants les plus fervents de la saignée, Guy Patin et Jean Riolan fils, doyens de la faculté de médecine de Paris, se moquent d'Harvey qu'ils qualifient de « *disséqueur de grenouilles et de serpents* », alors que Descartes, Boileau et Molière prennent le parti des « *circulateurs* ».

Dès la période hippocratique une controverse apparut sur le moment opportun de saigner. Hippocrate ne saignait que pendant les quatre premiers jours de la maladie de crainte de troubler le travail de coction et les crises dont il attendait la guérison du mal. Dès lors que la matière porteuse de la maladie était fixée dans l'organe, il fallait laisser faire la nature et la saignée ne faisait qu'affaiblir le malade. Seul Anaxion, soigné par Hippocrate d'une pleurésie aurait été saigné au huitième jour du fait de la persistance d'une fièvre élevée, de douleurs intenses, de toux et de dyspnée. La conjonction entre l'astrologie et la médecine conduisit à considérer certains jours comme néfastes, en particulier au cours des mois lunaires, le premier jour de mai et les deux derniers jours d'avril et de septembre. Dans les préceptes de l'Ecole de Salerne, Jean de Milan établit le lien avec chaque saison de l'année :

Durant le printemps et l'été

Sont pour la maladie ou santé

Lorsqu'on traite une personne,

Il faut qu'un médecin ordonne,

Qu'on la saigne du costé droit...

En ce lieu-là la bile ondoiye,

Et c'est là aussi que le foye

Posé justement vers le flanc,
Est le grand ouvrier du sang...

Mais pendant l'Hiver et l'Autonne

Il fait saigner une personne
Du costé gauche et non du droit
En ce temps règne sec et froid
D'où s'engendre la noire lie,
Qui se nomme mélancholie
Que l'on doit tirer à foison

Pendant l'une ou l'autre saison.

Les préceptes abondent pour déterminer les périodes favorables à la saignée, lorsque la Lune est en conjonction avec le Soleil, Mars en conjonction avec Mercure, tandis que le barbier des *Mille et Une Nuits* ne se déplace pas sans son astrolabe. Tous les barbiers du royaume de France seront astreints pour obtenir leur droit d'exercice à posséder l'*Armenac*, calendrier des périodes favorables à la saignée, rédigé en 1427 par Colmet Candillon, barbier de Charles VII. Les croyances populaires s'en mêlent : « *Le sang une fois l'an, le bain une fois par mois et manger une fois par jour.* » Certains jours comme la Saint-Mathias, la Sainte-Gertrude, la Saint-Valentin sont plus bénéfiques que d'autres.

Les sujets de controverses abondaient qu'il s'agisse de savoir dans quelles maladies la saignée était utile et quelle quantité de sang il fallait soustraire. Ces diatribes qui existaient déjà entre les médecins de la Grèce antique ne firent que s'exacerber au fil des siècles en propos fanatiques et violents. La saignée est censée porter remède à trois altérations du sang, pléthore, viciation et inflammation par ses effets déplétifs et spoliatifs, mais aussi des actions dérivatives et révulsives. Hippocrate était très mesuré dans ses indications et dans la pratique, s'élevant contre des pratiques barbares chez les Scythes qui pratiquèrent la saignée du IXe au Ier siècle avant notre ère. Dans les *Aphorismes* d'Hippocrate il est recommandé que la saignée ne soit entreprise que si l'âge et les forces du patient le permettent et soit interdite chez la femme enceinte. Si les effets bénéfiques de la saignée peuvent se concevoir chez un sujet pléthorique, il est plus difficile de définir la pléthore comme un excès de sang. Les symptômes de la pléthore sont aisés à diagnostiquer : veines turgescentes, teint rubicond, palpitations, vertiges, somnolence diurne… il est plus aléatoire de les rapporter à un excès de sang, à une hypertension artérielle ou à une surcharge en certains constituants, en particulier lipidiques. L'action de la saignée qui tend à rendre le sang moins visqueux, plus fluide, moins rouge tient, on le sait, à l'hémodilution, qui se produit lors d'une hémorragie spontanée ou d'une saignée, par l'entrée dans la circulation de liquides interstitiels visant à maintenir le volume circulant. D'autre part, on sait aujourd'hui que la plus grande fluidité du sang ainsi obtenue permet d'améliorer le transport d'oxygène aux cellules car, ce que le sang perd en globules et en hémoglobine transporteurs de l'oxygène, il le regagne en facilité de circulation dans les capillaires et d'échange au niveau cellulaire, jusqu'à des valeurs de 20% d'hématocrite.

La viciation du sang, traduite en langage populaire par « *je me fais du mauvais sang* » ou « *je suis de mauvaise humeur* », fait davantage référence au retentissement psychique qu'à une contamination par des agents pathogènes. Des raisonnements assez curieux sont apparus pour justifier l'indication de saignée. Ainsi, « *prendre froid* » aurait pour conséquence de bloquer la transpiration. La sueur ne jouant plus son rôle d'émonctoire, les miasmes qu'elle est chargée d'évacuer passent dans le sang, à l'origine de fièvres et de malaises que la saignée pourra contribuer à évacuer. Les indications de la saignée dans les fièvres intermittentes et dans les infections localisées, jamais reconnues par certains, seront parmi les premières abandonnées.

Aulus Cornelius Celsus, 25 av.J.C.-50 ap. J.-C., écrivit une vaste encyclopédie sous le nom de *De Artibus,* aujourd'hui disparue, et seul le sixième livre de son ouvrage *De Medicina libri octo* est la seule partie de son œuvre qui nous soit parvenue. Cette œuvre, qui est le premier ouvrage complet sur la profession médicale, a fait considérer Celsus comme l'Hippocrate latin. Il s'inspire de ses prédécesseurs qu'il cite, d'Hippocrate à l'École d'Alexandrie, avec une grande probité intellectuelle et une éthique qui lui fait condamner les vivisections. Il ne retient que les faits vérifiables et bien établis : « *la médecine est liée à la théorie, mais doit se fonder sur les phénomènes visibles* ». Il décrit l'ictus apoplectique et pratique la saignée notamment dans la pneumonie. Il est l'inventeur de la saignée de l'artère temporale, et prescrivit de n'effectuer la saignée que lorsque la digestion était accomplie. Il préférait la saignée évacuative à la saignée dérivative et révulsive. Il pratiquait la saignée en deux temps à vingt-quatre heures d'intervalle pour préserver les forces du malade. Il récusait l'incision de travers et insistait sur les risques de piqûre des nerfs pouvant conduire à des convulsions et à la mort. Il utilisait un instrument appelé le *scalpellus*.

Claude Galien, 129-216, reprend les indications de la saignée d'Hippocrate et les élargit, tout en respectant la technique et les précautions édictées. Il se base sur la théorie des humeurs et sur une conception de la circulation qui reste totalement erronée bien qu'il ait reconnu la présence de sang dans les artères, contrairement à Erasistrate qui n'y voyait que de l'air (artère : du grec aer=air et terein=conserver). Il pratiquait les saignées au bras pour les maladies de la partie supérieure du corps et au jarret pour celles de la moitié inférieure, au bras droit pour les maladies de droite, et réciproquement surtout pour les hémorragies, la pleurésie et les maladies de la rate. Il ne saignait pas au-dessous de quatorze ans et au-delà de soixante. Il attendait le printemps en l'absence d'urgence. Il tirait environ un quart de litre (un cotyle) de sang aux adolescents et jusqu'à quatre à six livres en vingt-quatre heures en cas d'affection aiguë, mais en proportion moindre pendant les grandes chaleurs ou chez les sujets de plus faible constitution. Lorsqu'il ouvrait une artère radiale, temporale ou auriculaire, il appliquait sur la plaie pour arrêter le sang, comme l'indiquait Charles-Victor Daremberg dans sa traduction des œuvres de Galien, un pansement fait d'aloès, d'encens et de blanc d'œuf, feutré avec du poil de lièvre. Galien écrivit un traité de la phlébotomie (saignée est un terme français qui n'apparaîtra qu'en 1160) intitulé Περι φλεβοτομιας θεραπευτικον. Il recommande une large utilisation des sangsues tout en prescrivant des précautions d'hygiène et d'utilisation. L'Eglise, qui se base sur les conceptions d'Aristote, établira comme un dogme la vision de Galien, qui restera intangible jusqu'à la Renaissance où la remise en cause, au demeurant très respectueuse d'André Vésale, lui fera éviter de justesse les foudres de l'Inquisition.

Antyllus, qui succède à Galien au troisième siècle, reprend les préceptes de Galien pour la phlébotomie et l'artériotomie, dans un manuel opératoire de la saignée. Il décrit dans le détail la technique pour obtenir un beau jet plutôt qu'une saignée baveuse, utilisant une bande roulée plutôt qu'une ligature, recommandant au malade de se frotter les mains, préconisant la ponction d'une veine superficielle et la section d'une veine profonde, et selon les cas une ouverture en travers, en long ou obliquement. Ses préceptes seront repris par Oribase, originaire comme Galien de Pergame, au quatrième siècle, et par Paul d'Égine, au septième siècle, qui sera le dernier médecin grec dont l'influence se marquera sur la médecine byzantine et arabo musulmane. Il introduit une distinction de la pléthore entre celle qui est *ad vires* (production excessive de sang) et celle qu'il qualifie d'*ad vasa* (tonicité des vaisseaux).

L'HÉRITAGE DE L'ANTIQUITÉ DANS LA MÉDECINE ARABO-MUSULMANE : L'INTERMÈDE ORIENTAL

La transmission de la médecine grecque antique s'est opérée par la traduction, dès le IVe siècle, en Syrie et en Mésopotamie, de livres grecs de philosophie, de sciences et de médecine, en langue syriaque parlée par la majorité de la population araméenne de ces régions. L'influence de Byzance sur la médecine perse, est contemporaine de l'arrivée en Perse, au Vème siècle, de médecins nestoriens persécutés par le pouvoir byzantin, après le concile d'Éphèse en 431. Une école de médecine florissante se développa à Djundishapur où se forma un médecin arabe Al Harit Ibn Qalada, ami de Mahomet, qui eut une influence sur la « *médecine du prophète* ». La base de la médecine perse était à la fois originaire de l'Inde et surtout inspirée d'Hippocrate et de Galien, relayés par Oribase et Paul d'Égine. Cette médecine arabo-perse, qui connaîtra son apogée au cours des cinq siècles qui suivront, se démarquera par une laïcisation de la pratique et la création des premiers hôpitaux, où l'on soignait et enseignait, les bimaristans.

Rhazes, 865-925, qui créa à Bagdad le plus grand bimaristan de l'époque, fut l'auteur d'une œuvre colossale en vingt-quatre volumes, *Le Continent*, reprenant la tradition hippocratique, mais remettant en question la théorie des quatre éléments d'Aristote et le principe des humeurs base du galénisme dans *Doutes sur Galien*. Il développa l'enseignement de la médecine dans les universités et les madrasas et décrivit l'anatomie des nerfs et les symptômes de nombreuses maladies. Partisan de la saignée, il écrit devant l'apparition de signes de méningite : « *Il faut faire une saignée. Dans ces conditions j'ai sauvé un groupe de malades alors que j'avais négligé de saigner intentionnellement un autre groupe... qui tous contractèrent la méningite* ». Fidèle à l'enseignement d'Hippocrate, il s'en démarque toutefois sur le choix du côté de la saignée.

Avicenne (Ibn Sina), 980-1037, né près de Boukhara, dans le Khorasan, chiite de religion musulmane, était à la fois philosophe, scientifique, médecin et écrivain dont l'ouvrage essentiel, *Le Canon de la Médecine*, introduira la médecine fondée sur des preuves et des essais cliniques. Cette encyclopédie, traduite en latin par Gérard de Crémone, influencera l'enseignement et la pratique de la médecine en Occident jusqu'à la Renaissance. Avicenne y formule les indications générales de la saignée : « *L'objet est de retirer le sang surabondant ou enlever le sang malsain, parfois les deux. Des exemples de la première catégorie sont sciatique naissante, la goutte et le danger d'une hémoptysie de rupture d'un poumon où le sang surabonde.* » Le bon moment de la journée pour pratiquer la saignée est selon Avicenne « *Avant la mi-journée si la procédure est facultative, lorsque la digestion est terminée et quand les intestins sont vides. Quand il est urgent, alors cela pourrait se faire en tout temps* ». La Hijama avec ventouses et incisions, recommandée dans de nombreux hadiths par Mahomet, qui l'avait lui-même utilisée lorsqu'il avait la migraine ou présentait des ecchymoses, sera également largement décrite dans *Le Canon* d'Avicenne.

La saignée par ventouses était connue et pratiquée dans l'antiquité. Les Chinois l'utilisaient depuis 4000 ans environ comme traitement des maladies internes. En Égypte, on retrouve dans le temple de Kôm Ombo une représentation du verre pour retirer le sang de la peau. Les Grecs et les Arabes avant l'islam connaissaient ce mode de traitement qu'utilisera Mahomet. Sa pratique se diffusera en Europe à partir des universités andalouses. La hijama consiste en des incisions de 4 mm sur 1 mm de profondeur au bistouri, l'aspiration du sang se faisant à l'aide de ventouses vidées d'air. Les ventouses sont enlevées une dizaine de minutes plus tard lorsque le sang arrête de couler. Les incisions sont recouvertes de miel ou d'huile de nigelle. Les conseils prophétiques concernent le moment où la hijama doit être pratiquée : au printemps ou au début de l'été, le 17e ou le 19e ou le 21e jour du mois lunaire, le matin, sur un sujet à jeun. À côté de la lutte contre les effets de la sorcellerie causés par les djinns, des explications modernes sont proposées pour expliquer son efficacité : effets analgésiques, anxiolytiques, équilibrants, un renforcement de l'immunité et une réactivation des neurones cérébraux. Les points d'application des ventouses sont rapprochés des méridiens d'acupuncture dont l'hijama accroîtrait l'efficacité.

Des très nombreux médecins arabes de cette longue période qui s'étalera sur près de cinq siècles, sur un vaste territoire allant de la Perse à l'Espagne, on retiendra à l'apogée d'Al-Andalus, Avenzoar (1091-1162) et son *Livre de la simplification,* Averroes (1126-1198) et le *Colliget* et surtout Abulcasis (940-1013) et son Traité de chirurgie *Tasrif.* Il explique en détail les techniques et les indications de la saignée. Parmi les nombreux instruments chirurgicaux, dont il donne la description et le dessin, figurent l'Aneshil, phlébotome ayant la forme d'un couteau, servant à la saignée des artères auriculaires et temporales, et l'Alfas, petite hache surmontée d'une saillie en forme de flamme. Pour les saignées au pli du coude, il avait trois Aneshils, le cultellaire, agissant en tranchant, le phlébotome à feuille de myrte, véritable lancette, et le phlébotome à forme olivaire, agissant par ponction. Ces utilisations de la saignée précèdent de deux siècles la description de la circulation pulmonaire que fera Ibn Al Nafis.

Quasi contemporain d'Averroes qu'il a sans doute rencontré, Moïse Maïmonide (1135-1204), médecin et philosophe juif de Cordoue, auteur de la Mishneh Torah et du Guide des Egarés, devra s'exiler en Égypte au terme d'un long périple. Dans son *Traité de l'asthme*, il considérait la saignée comme généralement inutile, voire dangereuse, la présentant comme une « grande erreur » en voie de disparition. S'il ne manquait pas de clairvoyance sur l'évaluation de cette thérapeutique, il se trompait lourdement sur sa pérennité.

Une première traduction des œuvres de Galien en langue orientale avait été réalisée au VIIe siècle par Sergius de Theodosiopolis, archiatre chrétien jacobite, formé à Alexandrie. La médecine arabe avait contribué à la transmission des connaissances de la médecine antique, en particulier de la saignée, mais ce rôle de passeur de savoir sera critiqué par les médecins de la Renaissance qui auront l'opportunité de revenir à la traduction de certains textes originaux. Il était difficile pour des médecins arabes comme Rhazès ou Avicenne de traduire des termes grecs dans une langue où ils n'avaient pas d'équivalents. Il sera également difficiles aux copistes de Tolède et de l'Ecole de Salerne, dont la plupart étaient des moines non médecins, de retranscrire en latin ces termes inventés par les médecins arabes. Ce passage périlleux d'une langue à l'autre, avec le passage du grec au syriaque et l'araméen, à l'arabe puis au latin, rend compte des erreurs majeures introduites par les traductions et les copies, qui ne pouvaient être qu'individuelles et manuelles jusqu'à l'invention de l'imprimerie.

Dans les *Aphorismes et Conseils de l'Ecole de Salerne*, avec les traductions de Constantin l'Africain et les textes de Jean de Milan, on relève les descriptions sémiologiques des déséquilibres des quatre humeurs et les prescriptions sur la saignée.

Une saignée, à propos faite,

Rend la vue, et plus forte, et plus vive, et plus nette,

Soulage l'estomac, dégage le cerveau,
Désopile un Viscère, échauffe la moelle,
Donne à l'ouïe, à la voix, une force nouvelle
Procure un doux sommeil, ôte un triste bandeau,

Et même de la Parque allonge le fuseau.

Parmi les conseils figure celui de n'en point pratiquer avant la dix-septième année et ce qu'il faut faire après la saignée :

Après la veine ouverte, il faut, s'il est possible,
Six heures résister aux charmes du sommeil.
Ses vapeurs agissant sur le corps trop sensible,

Pourraient bien attirer un funeste réveil.
Ne mangez point d'abord. Surtout point de laitage,
Ne prenez point de froid. Nul excès de boisson.

C'est après la saignée un dangereux poison,

Si vous allez à l'air, qu'il soit pur, sans nuage.

À tout homme en tel cas le repos est très bon ;

Et le moindre travail peut faire grand dommage.

DU MOYEN-AGE A LA RENAISSANCE : REMISE EN CAUSE DES PRINCIPES MAIS PAS DE LA PRATIQUE

Durant le Moyen-Age en Occident, faisant suite aux invasions barbares, il est simpliste de considérer qu'aucun progrès médical ou scientifique n'apparut, même si ce fut l'époque de l'épanouissement de l'art roman puis gothique. Cette période grise de la médecine ne fut sans doute que la réplication de traditions locales et de remèdes empiriques. Les rares établissements hospitaliers, les *Domus Dei*, qui deviendront les *Hôtels Dieu*, étaient des œuvres charitables, des hospices de petite taille, n'accueillant qu'une dizaine de pensionnaires, qui étaient davantage des personnes âgées ou des pauvres que des malades. Les soins étaient confiés à des religieuses dont les seules possibilités thérapeutiques se résumaient à des simples, cultivés dans le cloître ou les jardins de l'hospice. Les salles des malades étaient situées dans le prolongement de la chapelle permettant de suivre la messe et les offices. Un barbier était attaché à l'établissement pour soigner les plaies et pratiquer des saignées qui semblent avoir été largement utilisées durant le Moyen-Age.

La médecine au Moyen-Age fut longtemps « *monastique* ». Les monastères avaient cette fonction de documentation, d'enseignement et de pratiques variées. Cette activité ne faisait pas l'unanimité et des tensions fréquentes apparaissaient entre médecine et religion du fait de certaines communautés monastiques, d'ermites et de mystiques. Déjà, les conciles de Clermont en 1130 et de Reims, en 1131, avaient tenté d'interdire la pratique de la médecine au clergé régulier. La phrase, souvent citée à tort, « *Ecclesia abhorret a sanguine* », formulée dans son huitième Canon, n'a pas été décrétée par le concile de Tours, en 1163, et n'apparait qu'en 1744 dans un écrit de François Quesnay. Elle ne s'applique pas à la saignée mais fait référence à la violence et à certaines pratiques, comme la dissection et la chirurgie qui furent longtemps prohibées par l'Église et leurs pratiquants poursuivis par l'Inquisition. Ce n'est que le quatrième concile de Latran en 1215 qui interdira explicitement aux clercs d'exercer la chirurgie. Bernard de Clairvaux s'opposa à la pratique de la médecine par les moines, disant qu'en vertu du dénuement cistercien « *il se déclarait disciple du Christ, méprisant tout ce qu'Hippocrate et Galien avaient prêché* ». Le concile de Latran en 1139, faisait clairement défense aux moines de « *s'adonner à la médecine par goût du lucre du siècle* ». La rémunération des soins semblait avoir attiré certaines communautés monastiques. L'interdiction frappait d'abord les absences prolongées du couvent pour raison d'enseignement, limitées à deux mois, puis ce fut la défense de pratiquer, en particulier la saignée. La saignée qui était appliquée quatre fois par an aux moines était bien accueillie car elle donnait droit à du repos et des repas améliorés. Il fut ensuite interdit de faire pratiquer la saignée par les femmes. Au commencement du XIIIe siècle, on rapporte que Robin des Bois blessé mourut après avoir été saigné par les religieuses d'un couvent qui l'avait recueilli : « *l'abbesse, sa cousine, lui ouvrit la veine de sa main de lys, et la nuit il mourut* ». Philippe le Bel délivra l'édit suivant : « *Nous défendons et inhibons que dedans la ville et vicomté de Paris, nuls chirurgiens ou chirurgiennes ne puisse exercer l'art de chirurgie soit publiquement ou en privé s'ils n'ont été préalablement examinés par les chirurgiens jurés à ce expressément appelés. Chose de prime face estrange et toutefois excusable si par nos anciens Romans nous trouvons que nos chevaliers ayans été casuellement blessés par la campagne ils avaient recours aux plus proches chasteaux dedans lesquels ils trouvoient leur guérison par le ministère de preudes dames et demoiselles ».*

Un autre aspect de la pratique médicale monastique fut l'application de l'astrologie à la médecine, et plus particulièrement à la saignée, qui se poursuivit non seulement durant la pré-Renaissance, avec un médecin tel Pietro d'Abano, mais bien au-delà, comme on le verra aux siècles suivants par les calendriers et almanachs astrologiques des dates fastes et néfastes à la pratique des saignées. Les Occidentaux poursuivirent l'observation des astres lorsque la saignée pouvait être différée. À la médecine « *monastique* » avait succédé la médecine « *scholastique* » avec la création des universités s'accompagnant d'une laïcisation progressive de la médecine et de la chirurgie, qui adopta également l'astrologie dans sa pratique. C'est ainsi qu'à Montpellier, à la fin du XIIIe siècle, Arnaud de Villeneuve en imposa formellement l'usage dans un ouvrage où il traite des jours favorables à la saignée, et Gui de Chauliac au XIVe siècle y attacha la même importance. Au début du XVIIe siècle, les médecins, comme David Planys-Campy, regardent encore fréquemment du côté des astres : les traités consacrés à la saignée comportent le plus souvent des indications astrologiques pour déterminer les organes ou les parties du corps à inciser en fonction des saisons et des phases de la lune.

Au Moyen-Age, comme par la suite à la Renaissance et bien au-delà, ce sont essentiellement les barbiers qui ont en charge les saignées. L'origine du chirurgien remonte à beaucoup plus loin, Paul d'Égine au VIIe siècle utilisant le terme latin *chirurgicus*, qui deviendra *cirurgie,* en langue romane en 1175 avec Chrétien de Troyes. Au XIIe siècle, l'appellation de *rasor*, barbier, est associée à celle de *sanguinator*, pratiquant saignée et incisions diverses. En 1383, Charles VI confirme les privilèges accordés par son père aux barbiers. Avec Charles V, qui était membre de la confrérie de Saint-Cosme et Saint-Damien, les barbiers obtinrent le privilège de la saignée à Paris, puis un édit de Charles VI, du 9 décembre 1400, étendit ce droit aux barbiers de Carcassonne, puis de province. « *Que d'ici en avant aucun barbier ou barbière, garçon ou garçons n'entreprennent de saigner aucune personne, sinon en bonne lune ou bien en cas de nécessité comme pour chûtes, froissemens de membres ou de corps, ou pour esquinancie, ou pour semblables maladies, ou par le conseil ou mandement de physiciens* ». Les statuts des barbiers sont définis avec une grande précision tant pour l'examen auquel ils seront soumis pour pratiquer, que pour les jours où ils seront autorisés à pratiquer et l'usage qu'ils devront faire du sang prélevé. Ils pratiquaient la saignée avec un bistouri droit, la lancette, dont certains comportaient une lame rentrante, protégée par deux lames de bois parallèles. L'article 14 précisait que « *Tous les barbiers qui saigneront avant dîner seront tenus de jeter le sang avant une heure de l'après-midi ; le sang des opérations de l'après-midi devra être jeté dans les deux heures qui suivent* ». Mesure d'hygiène publique, mais aussi précautions contre les utilisations diverses qui auraient pu être faites de ce sang frais. En 1427, Colmet Candillon, premier barbier de Charles VII, obtiendra du roi un statut des barbiers du Royaume, les autorisant à s'assembler en confréries sous le patronage de Saint-Cosme et Saint-Damien.

La fin du Moyen-Age en médecine s'amorce avec la création des Universités, telle Bologne en 1088, et des facultés de médecine, telle Montpellier en 1181et Paris autour de 1200. L'enseignement, effectué en latin, est réservé aux médecins, hormis quelques enseignements délivrés très tôt le matin aux chirurgiens barbiers. Adrien Phillippe, en 1855, rapporte ce que fut la pratique de la saignée aux XIIIe et XIVe siècles. « *Si le malade était faible, on lui donnait une soupe au vin ; s'il s'agissait d'une femme, on lui enlevait sa ceinture ainsi que les bracelets et les bagues dont la pression pouvait s'opposer à l'écoulement du sang ; puis on appliquait la ligature* ». Selon Arnaud de Villeneuve, certains médecins utilisaient un phlébotome portant à l'extrémité un hameçon qui accrochait la veine, d'autres avaient un phlébotome en ligne droite. « *Lorsque la veine était ouverte, Gui de Chauliac faisait tousser la malade, lui frappait de la main entre les deux épaules, puis plaçait dans sa main un bâton dont l'extrémité s'appuyait sur le sol... continuation de la coutume de l'École de Salerne* ». Après examen du sang prélevé, Gui de Chauliac concluait : « *La saignée a été bonne, d'autant que si le sang tiré est bon c'est signe que celui qui reste est meilleur, et s'il est mauvais, est bon qu'il soit dehors* ».

Durant tout le XVe siècle et le début du suivant, les barbiers bénéficièrent du soutien des rois, ducs, sénéchaux et baillis de province, ainsi que d'exemptions de droits, avec en contrepartie l'obligation de passer des examens de compétence et de respecter des règlements de plus en plus contraignants, notamment pour la pratique de la saignée. L'encadrement de la profession se faisait par la confrérie qui avait sa bannière semée de fleurs de lys d'or, avec l'image de Sainte-Catherine, encadrée dans une roue de rasoirs. Leurs enseignes portaient des flûtes, dont ils jouaient aux mariages, des peignes et des ciseaux. Les chirurgiens tout occupés à se faire reconnaître comme médecins, leur abandonnèrent la pratique de la saignée, « *la plus essentielle et la plus belle des opérations de la chirurgie* » et de gestes que l'on qualifierait aujourd'hui de petite chirurgie. En janvier 1461, les barbiers obtinrent, par l'intermédiaire d'Olivier-le-Daim, l'autorisation de Louis XI de prendre le titre de *Barbiers-Chirurgiens*. Charles VIII en mars 1483 et Louis XII en 1498 ratifièrent les statuts des barbiers-chirurgiens et les lettres patentes relatives aux privilèges de premier barbier du roi. Dans un livre italien, de la bibliothèque de Daremberg, l'auteur, Pietro Paolo Magni Piacentino, décrit de façon savoureuse les qualités que devait avoir un barbier qui se destinait à la pratique de la saignée. On en retiendra que « *Le barbier, avant tout, doit avoir la crainte de Dieu qui est le principe de toute science. Il doit être prompt et diligent...plus il opérera vite et plus il plaira. Il faut encore qu'il soit soigné dans sa mise, mais sans recherche et sans affectation, qu'il soit affable et modeste, poli, et qu'il ne se livre jamais à des propos obscènes ou à des gestes indécents. Il ne doit pas se charger de parfums ni exhaler une odeur repoussante... Il devra être sobre afin de conserver aussi l'équilibre et l'intégrité de ses fonctions intellectuelles indispensables à l'accomplissement régulier de ses devoirs.* »

Précédée d'une période de près de deux siècles qui sera, en particulier en Italie, d'une exceptionnelle richesse intellectuelle et artistique, la Renaissance débute avec le XVIe siècle. Elle apporte des transformations radicales dans la religion, la politique, les arts, les sciences et la médecine où la saignée prendra une place éminente. La Renaissance va s'épanouir dans tous les domaines de l'art et de la science. En médecine, ce sera une remise en cause des grands anciens. Leonard de Vinci critique les conceptions anatomiques de Galien, Michel Servet entrevoit la circulation pulmonaire, André Vésale réalise une description magistrale de l'anatomie du corps humain, Marcello Malpighi aborde la description microscopique des tissus et crée l'histologie, Ambroise Paré révolutionne la chirurgie. Respectueux de Galien, qu'il a reçu en héritage de ses maîtres, Jean Fernel et Jacques Dubois, dit Sylvius, il pratique la saignée suivant les préceptes de l'Ecole de Salerne. En 1551, il dessine un bistouri à tranchant concave, auquel il donne le nom de *Lancette courbée*. Victime d'une fracture de jambe à la suite d'une ruade de son cheval, il se fait pratiquer une saignée de trois palettes de sang, qu'il fera suivre d'une diète de dix jours. En 1554, avec le soutien du roi Henri II, Paré entre au Collège de Saint-Cosme. Il brûle les étapes et en moins de six mois il dépose sa demande, passe les épreuves, est autorisé à porter la robe longue, et reçoit le bonnet de Docteur en Chirurgie et ses lettres de maîtrise, en ayant bafouillé que quelques mots de latin appris par cœur.

Paré rapporte que le roi Charles IX, ayant de la fièvre, ses médecins Monsieur Chapelain, son premier médecin, et Monsieur Castellan, premier médecin de sa mère, lui ordonnèrent la saignée. Lors de la saignée, le roi ressentit une douleur intense, un nerf ayant sans doute été piqué et le bras enfla. Sans nommer le maladroit, le chirurgien Duportail, Paré dit qu'il s'agissait de quelqu'un « *qui avait le bruit de bien saigner* ». Paré mit en place « *un petit emplâtre de basilicon et par-dessus tout le bras des compresses imbues en oxicrat avec une ligature expulsive, commençant au carpe et finissant par l'épaule pour faire renvoi du sang et esprits au centre du corps, de peur que les muscles ne reçussent une trop grande fluxion, inflammation et autres accidents* ». Le roi demeura trois mois pendant lesquels il ne put étendre ni fléchir le bras, mais finit par guérir grâce aux soins de son chirurgien. Les accidents, relativement rares dans le milieu de la cour, peuvent survenir et être fâcheux pour le malade et pour le chirurgien dont ils ternissent la réputation. Cela peut aller de l'hématome mal résorbé à la piqûre accidentelle d'un tendon, d'une artère ou du périoste, provoquant inflammation et abcès, de la saignée blanche à la syncope. Malgré l'avis contraire de la Faculté de Montpellier et de malades de plus en plus réticents, ces petits accidents ne dissuaderont pas les médecins « *attachés aveuglément aux opinions des Anciens* » de poursuivre la pratique des émissions de sang nombreuses et abondantes.

Au nombre des zélateurs de la saignée à cette époque figure Leonardo Botal, né vers 1530 à Asti, élève de Fallope, successeur de Vésale à Padoue, qui vint s'installer en 1561 à Paris où sa pratique exagérée des saignées lui valut des remontrances de la Faculté de Médecine. Il était l'inventeur de la saignée coup sur coup. Ainsi, dans la pleurésie ou la pneumonie, on tirait deux ou trois livres de sang le matin, et quelques heures après, on en faisait encore perdre au malade une demie livre jusqu'à deux livres, ce qui sur la base de nos connaissances actuelles représente la moitié de la masse sanguine. Il n'hésitait pas à faire des saignées de quatre et cinq livres, et il prétendait qu'un homme pouvait aisément perdre huit à neuf livres de sang en un jour. Dans son ouvrage *De curatione per sanguinis missionum* il affirma, sur la base d'écrits tronqués d'Hippocrate, que la fréquente saignée était le seul vrai remède. Jean Fernel, qui devint médecin d'Henri II pour avoir guéri d'une maladie grave Diane de Poitiers et pour avoir trouvé le secret de rendre féconde Catherine de Médicis, s'éleva avec véhémence contre cette folle exagération. Duret, médecin de Charles IX et d'Henri III, et Heurnius d'Utrecht protestèrent non moins énergiquement. Rabelais quelques années auparavant avait condamné par la bouche de Gargantua ces excentricités.

Botal n'était cependant pas le seul à être saisi par cette folie de saigner. Guy Patin, doyen de la Faculté de Médecine de Paris, se fit saigner sept fois pour un rhume. Il estimait en effet que cette thérapeutique était capable de soigner tous les maux : « *Il n'y a pas de remède au monde qui fasse tant de miracles que la saignée* ». En 1633, Cousinat qui devint médecin du roi, fut saigné soixante-quatre fois en huit mois pour un rhumatisme. Il en fit de même pour Madame de Maintenon. À la même époque, un médecin octogénaire se fit saigner onze fois pour une pneumonie. Œil crevé, fluxion dentaire, épistaxis, rien n'échappe à la saignée, pas même l'hémorragie dont le sang serait dévié de la zone qui saigne[1].

La saignée sera même préconisée préventivement pour assurer une bonne santé en évacuant les humeurs peccantes ou pour préparer à une intervention : « *Nul dans la capitale ne subit une intervention sans y être préparé par une ou plusieurs saignées* ».

Les découvertes de William Harvey sur l'anatomie et la circulation sanguine, en 1628, n'ont aucune incidence sur la pratique de la saignée dont les principaux tenants, comme Jean Riolan, ayant succédé comme doyen de la faculté de médecine à Guy Patin, sont dans le même temps opposés à Harvey et à Bartholin, qui décrivit la circulation lymphatique. Riolan se moque des circulateurs, en latin, *circulator*, dont la traduction est charlatan. La faculté de médecine de Paris s'arcboute sur les principes galéniques et réfute la circulation sanguine, en particulier la circulation pulmonaire, revenant à la théorie de Galien sur la cloison perforée à l'intérieur du cœur. L'opposant le plus virulent aux grands saigneurs fut David Laigneau, 1564-1645, qui écrivit contre l'abus des saignées un *Traité pour la conservation de la santé et sur la saignée de ce temps.* Partisan de la saignée modérée sur des bases astrologiques, il fustige les médecins de l'Ecole de Paris qu'il qualifie d'« *effrontez médicastres, saigneurs bourreaux... sangsues botalliques, cette bourellerie et évacuation de sang de quoi les étrangers ont horreur et de laquelle n'échappent que les plus forts et les plus robustes* ». De fait les médecins

[1] On rapprochera de cette idée le principe moderne de ne pas vouloir remonter trop vite, trop fort, la pression artérielle pour ne pas relancer l'hémorragie.

parisiens, obnubilés par leur vénération de l'antiquité, d'Hippocrate et Galien, de la théorie des humeurs et du recours à la saignée, se démarquent complètement des médecins allemands, anglais et néerlandais, opposés à la saignée qu'ils accusent d'affaiblir les malades. Même la Faculté de Montpellier est plus encline à la chimie et à la pharmacie.

2. Guy Patin, Doyen de la Faculté de Médecine de Paris (1601-1672). Gravé par Antoine Masson, 1670. BIU Santé.

Pendant plus de six siècles, la séparation demeura totale entre les chirurgiens–barbiers, ignorants le latin, habiles praticiens, voués à la chirurgie, et les médecins, diplômés des facultés, dépositaires d'une science héritée de l'antiquité, d'Hippocrate, de Galien, transmise par la médecine arabo-musulmane, en particulier d'Avicenne et d'Averroes, méprisant la chirurgie et s'adonnant avec délectation à des controverses oiseuses, faute de traitements efficaces.

LE XVIIIe, SIÈCLE D'OR DE LA MONARCHIE ET DE LA SAIGNÉE

Pierre Dionis, 1643-1718, fut le médecin et premier chirurgien de la maison de France et de plusieurs princes du sang. Il publia différents traités de chirurgie dans lesquels il donna de nombreuses précisions sur la manière de réaliser la saignée.

3. Pierre Dionis, 1643-1718.

Le portrait du *saigneur* idéal est savoureux : « *Il faut qu'il soit bien fait pour ne pas déplaire au malade, qu'il ait de l'esprit pour persuader ce qu'il dit, qu'il ait la vue nette et perçante pour distinguer les moindres objets, qu'il n'ait pas la main trop grosse ni trop pesante, qu'il ait les doigts fins et effilés et que la peau en soit blanche et fine, parce que le toucher est plus délicat ; il ne faut pas qu'il soit sujet à boire, de crainte qu'étant appelé, la tête pleine de vin, il soit obligé de faire une saignée difficile ; il ne doit point arracher les dents, coigner des clous, hâcher du bois, jouer à la paume, au mail et à la boule, parce que tous ces exercices peuvent luy ébranler la main ; enfin il doit avoir une attention sérieuse pour la conservation de sa main s'il veut bien saigner et longtemps ».* Il voulait acheter les lancettes chez les couteliers les plus renommés. Les siennes venaient de chez Corsin, fabriquant d'instruments de chirurgie à Lyon et *les luy envoyer repasser par lui-même de peur qu'un autre coutelier, par jalousie, ne les détrempât.* Il défendait de jamais prêter ses lancettes à personne.

La bande servant à comprimer le bras, utilisée au XVIIe siècle devait avoir un pouce de large, trois quart de longueur et être rouge pour que les taches de sang soient moins apparentes. Le matériel nécessaire à la saignée comportait deux compresses, destinées à empêcher l'hémorragie par l'orifice de la saignée, et des poilettes, en terre cuite ou en étain, d'une capacité de trois onces, au nombre de trois même si l'on envisageait de n'en utiliser que deux. Dionis s'éclairait avec une grosse bougie de cave avec une mèche forte pour obtenir plus de lumière, car on faisait fermer portes et fenêtres, pour éviter d'être incommodé par le jour, et pour éviter le bruit, on interdisait de marcher et de parler dans la chambre. On prévoyait également un verre contenant de l'eau de la Reine de

Hongrie pour combattre une éventuelle défaillance. Les dames de qualité se paraient comme pour recevoir des visites. Il fallait protéger leurs atours d'une serviette pour éviter d'impardonnables éclaboussures de sang.

4. Instruments de saignée. Pierre Dionis.
Cours d'opérations de chirurgie, 1707.

Des serviteurs du chirurgien aidaient à maintenir le bras et à avancer les poilettes. La dame était priée de serrer dans leur main *un bâton d'un pied et demi de longueur, garni de velours et même brodé.* Après la saignée, on faisait boire un verre d'eau au malade, *pour humecter le sang qui restait.* Les poilettes numérotées de un à trois, étaient portées sur une table où le chirurgien venait examiner la qualité du sang. Enfin, un serviteur apportait un bassin au chirurgien qui se lavait les mains et sa lancette avec de l'eau versée d'une aiguière, avant de les essuyer avec une serviette spécialement destinée à cet usage. Dionis remarquait avec humour que « *quand j'ay saigné des maris en présence de leurs femmes, les femmes ne voulaient pas que je tirasse beaucoup de sang, et que quand j'ay saigné des femmes, les maris n'étaient pas contents que la saignée fut ample et copieuse ; ils ont les uns et les autres leurs raisons qui ne sont pas difficiles à deviner* ».

5. *La saignée*, estampe d'Abraham Bosse, 1632 © BNF.

Cette description de la saignée pratiquée dans la bourgeoisie et les hautes classes de la société parisienne, suivait une étiquette très stricte à la cour quand il s'agissait du roi, des princes et princesses de sa famille. Dionis pratiqua de ces royales saignées où le premier médecin portait la bougie, l'apothicaire présentait les poilettes et le premier chirurgien, qui opérait avec autorité, faisait chasser les importuns. Lorsque Dionis saignait la Dauphine ou l'un des princes, des flots de courtisans inondaient la chambre, ce brillant cortège faisant la fierté du chirurgien. Emmanuel Le Roy Ladurie résume la situation : *à la cour, plus on est puissant, plus on est saigné*. En réalité, « *les aristocrates faisaient tout pour éviter les coups de lancette, car la chirurgie inquiétait et les morts étaient plus souvent attribuées à des saignées inopportunes plutôt qu'à d'hypothétiques empoisonnements* ». La princesse Palatine se plaint en mai 1713 de s'être laissé convaincre par les médecins de se saigner par précaution : « ... *cette maudite saignée et la médecine de mardi passé, m'ont tellement affaiblie qu'il m'est tout à fait impossible de marcher. On m'a tant prêchée, me disant que si, en ce mois de mai, je ne me faisais pas tirer du sang et ne prenais pas médecine, je retomberais infailliblement dans le triste état où je fus l'hiver dernier* ». Louis XIV lui-même rechignait à se faire saigner « *malgré l'adresse de Mareschal et la rhétorique de Fagon* ». Le coût des saignées varie avec la position sociale de dix à vingt sols pour le commun des mortels jusqu'à 150 livres payées en 1688 à Pierre Dionis pour saigner la Dauphine et 300 livres versées à Felix de Tassy pour saigner le roi.

Les premiers ouvrages hostiles à la saignée apparaissent entre 1650 et 1660, mais ils s'en prennent davantage à ses excès et ses abus plus qu'à son usage. Pour Jean-Baptiste Sénac, précurseur de la cardiologie, premier médecin du roi Louis XV, la révulsion et la dérivation obtenues par la saignée sont des « idées chimériques ». Il en retiendra cependant que « *les effets utiles de la saignée se réduisent à l'évacuation* ». François Quesnay, 1694-1774, d'extraction paysanne, parviendra cependant à s'éduquer, à devenir chirurgien royal et médecin de Madame de Pompadour. Il écrira deux traités sur la saignée, l'un *Observations sur les effets de la saignée* en 1730, et l'autre, en 1736, sur *L'art de guérir par la saignée où l'on examine en même temps les autres secours qui doivent concourir avec ce remède, ou qui doivent lui être préférés, dans la cure des maladies tant médicinales que chirurgicales.* Schlogel, dans sa saga familiale, les Princes du Sang, rapporte l'admiration du premier chirurgien du lignage, Aubin de La Verle, pour Pierre Dionis, mais aussi les réticences de Hunter et des Anglais, vis-à-vis de la saignée, considérée comme une lubie française. Au XVIIIe siècle, la saignée continue à être largement utilisée, mais polémiques et oppositions vont augmenter, avec la remise en cause croissante de la théorie des humeurs et de la circulation galéniques. Molière dans *Le malade imaginaire,* en 1673, ne se moque pas seulement de l'aveuglement des médecins à utiliser la saignée, *Clysterium donare, postea seignare ensuitta purgare*, mais également des revenus qu'ils en tirent, dont Toinette déclare à Argan que son médecin Monsieur Purgon, affichant 8000 livres de rente : « *Il faut qu'il ait tué bien des gens pour être si riche* ».

Si beaucoup de chirurgiens sont accusés de multiplier les saignées pour s'enrichir à raison de quinze sols chacune, le principal promoteur est Philippe Hecquet, 1661-1739, janséniste convaincu, qui en fait davantage un principe fondamental de la thérapeutique qu'une source de revenus. C'est pour lui le seul traitement de la « surabondance sanguine ». Mais il va beaucoup plus loin en affirmant : « *le sang n'est pas si nécessaire à la conservation de la vie et qu'on ne saurait trop saigner un malade ... On a toujours assez de sang pour la vie, rien ne pullule tant que le sang... Dans une maladie aiguë, on peut diminuer les forces et le sang au-delà de ce que l'on pourrait croire... La force du cœur se trouvant fort augmentée dans la fièvre, a besoin de beaucoup moins de sang pour s'entretenir... On peut ôter presque tout le sang d'un animal sans qu'il meure* ». Lesage, dans son Gil Blas, en fit son modèle du docteur Sangrado. Il fit périr par ses nombreuses saignées le chanoine Sédillo, dont il prétendit qu'il eût été sauvé s'il n'avait pas été aussi avare de son sang. Il était particulièrement expéditif et les notaires se plaignaient qu'il ne laissait pas à leurs clients le temps de rédiger leur testament. Gil-Blas, valet de Sangrado, n'était qu'un barbier de bas étage, qui tuait à la lancette tous les imprudents que son maître lui confiait. On ne rencontrait plus dans Valladolid que des veuves et des orphelins. Gil-Blas n'eut plus que la ressource de fuir lorsque Dom Rodrigue de Mondragon eut juré de l'occire pour avoir tué sa maîtresse. La doctrine de Sangrado avait fini par se répandre dans toute l'Espagne, faisant un nombre incalculable de victimes, dont le duc d'Olivares et de San-Lucar, Premier ministre du roi Philippe IV que des émules de Sangrado avaient saigné douze fois en moins de six jours.

Dans une querelle des anciens et des modernes, de jeunes médecins vont opter pour la conception de la circulation qui corrélativement implique de mettre en doute l'intérêt de la saignée. À la Cour de Versailles, ils rallient à eux des savants non-médecins, des philosophes et de grandes dames ravies d'afficher des positions avant-gardistes. Les cercles littéraires fréquentés par les auteurs tels Molière et Boileau se moquent des conservateurs dans des pièces de théâtre ou des parodies bouffonnes, comme celle de Boileau intitulée l'*Arrêt burlesque*. Les chansonniers et les humoristes ayant souvent plus d'efficacité que les controverses politiques ou savantes, le roi Louis XIV, en 1673, confie à Dionis, au Jardin des Plantes, une chaire d'anatomie dans laquelle il s'engage à promouvoir « *la circulation du sang et les nouvelles découvertes* ». Si la bataille de la circulation est définitivement gagnée, la querelle autour de la saignée ne cesse pas et s'amplifie encore sans changer de terrain. Dionis n'est pas le premier à tirer les conséquences des notions sur la circulation mais sa position sur la saignée reste très équivoque. Les partisans de la saignée continuent à marquer des points, un décret du 26 juin 1756 revenant sur la nécessité des saignées réitérées. Les injures volent bas entre les membres éminents de la faculté, son doyen, Chomel, son régent, et « *certains petits docteurs... aux allégations frivoles... aux libelles diffamatoires qui contiennent effectivement une doctrine dangereuse, pernicieuse, funeste, fausse erronée, scandaleuse et même hérétique* ». Admettre que « *la saignée est le remède propre et direct à la pléthore, mais non pas à l'inflammation, est déjà indigne* ». « *Insensiblement on dépouille la saignée de tous ses privilèges* ».

Etienne Baschot, défend avec vigueur, chauvinisme et sectarisme, les théories anciennes soutenues par la faculté de médecine de Paris : « *n'est-ce pas une chose honteuse de voir dans la capitale, à la face de la plus auguste cour et au milieu de la plus florissante faculté de la médecine qu'il y ait au monde, une troupe de gens sans lettres, sans titre, sans adveu, sans approbation, bien souvent même sans religion, gens pour la plupart inconnus de chacun...et que la nécessité et la faim ont vomis de nos rues ; de voir, dis-je, une telle racaille, imuinément, chimiquement, empiriquement et jamais raisonnablement, traiter des maladies sans aucune connaissance des causes, et avec des remèdes, dont la propriété est de soulager pour trois mois, et de mourir pour toujours... elle monte à un tel degré d'impudence, que d'essayer par des honteux écrits d'étouffer les plus pures et les plus éclatantes vérités de la médecine, et de ternir par de lâches médisances la gloire et l'honneur d'une école qui n'est pas seulement l'école d'une ville particulière, mais qui l'est de toutes les autres du monde d'où sortent encore tous les jours des essaims d'habiles et savants médecins ».*

En revanche, Pierre Sue, en 1771, dans son *Dictionnaire portatif de chirurgie*, s'efforce de prôner une position intermédiaire qui soit raisonnable : « *Les veines qu'on peut ouvrir sont en très grand nombre, mais on se borne habituellement à celles du bras, du cou et du pied* ». Tissot, en 1761, dans son *Avis au peuple sur sa santé* estime que « *la saignée n'est nécessaire que dans quatre cas : 1° quand il y a trop de sang ; 2° quand il y a inflammation ; 3° quand il est survenu, ou va survenir, dans le corps, quelque cause qui produirait bientôt l'inflammation ; 4° quelque fois pour apaiser une douleur excessive. Il est égal dans quelle partie on la fait... Dans quelque état que ce soit, quelque robuste que soit le sujet, si la saignée n'est pas nécessaire, elle nuit* ». Quand il considère le nombre de saignées réitérées, il met en cause l'ignorance du médecin ou du chirurgien, et si le malade en réchappe, il admire les ressources de la Nature.

On pouvait penser que cette sagesse, au Siècle des lumières, mettrait un terme aux excès de la saignée. Le XIXe siècle, où la saignée se pratiquait comme au siècle précédent, allait en apporter le démenti.

GRANDS SAIGNEURS DU XIXe SIÈCLE

La Révolution française avait fait fermer les écoles et facultés de médecine au prétexte que la Nation avait davantage besoin de soldats pour défendre la patrie que de charlatans ignorants et incompétents. La constatation n'était pas totalement dénuée de vérité, même si la potion était amère. Cette césure de plusieurs années allait agir sur l'enseignement de la médecine à la façon d'une saignée, car la restructuration qui interviendra sous l'empire établira de nouvelles règles permettant l'éclosion de la médecine moderne avec la création de nouveaux hôpitaux, de nouvelles facultés et de l'internat. On aurait pu penser que la saignée n'allait pas survivre à la ruine de la théorie des humeurs et du galénisme, mais malgré les progrès des sciences, de la physiologie avec Claude Bernard, c'est l'inverse qui se produisit. Même si les émissions sanguines avaient encore la faveur de nombreux médecins, un nom, celui de Broussais, allait y être particulièrement attaché.

François Broussais, 1772-1838, est un personnage haut en couleur qui suscita autant d'enthousiasme que de railleries, et se fit le chantre de la déplétion sanguine, moins par les saignées que par les sangsues dont il fit une consommation impressionnante, évaluée à plus de 100 000 par an dans son Service. Sous son influence, la France en importait, dans les années 1830, plus de 40 millions par an, ce qui faisait dire qu'il avait fait couler plus de sang que Napoléon pendant toutes ses campagnes : « *Napoléon décima la France, Broussais la saigna à blanc* ». D'autres dirent : « *Il a tué plus de patients que le choléra* ». Fils d'un chirurgien de marine, il fut lui-même médecin de navires corsaires pendant quelques années dans les équipages de Robert Surcouf. Il se singularise par son allure athlétique, son caractère violent et querelleur qui lui vaudra, de la part de ses opposants, le surnom de *forban.*

6. François Broussais, 1772-1838.

En 1799, il monte à Paris pour achever ses études et passer sa thèse, intitulée *Fièvre hectique*, dédiée à Philippe Pinel en 1803. Il est l'élève de Corvisart et de Xavier Bichat. L'action lui manque et, avec l'appui de Pinel et de son ami Desgenettes, il s'engage comme médecin aide-major dans les armées napoléoniennes pour parcourir l'Europe. Il se distingue à Ulm et à Austerlitz, en 1805, où il sert sous les ordres de Dominique Larrey. Rentré en France, il est nommé Professeur au Val-de-Grâce puis en 1831 à une chaire de Pathologie et de thérapeutique de la Faculté de médecine de Paris. Il raille avec virulence le

Traité de l'auscultation médiate de René Laennec et professe une théorie selon laquelle toutes les maladies sont la conséquence d'une *surirritation* produisant une *inflammation* non guérie. Son ouvrage *Histoire des phlegmasies chroniques* n'eut que de rares lecteurs. En revanche, ses cours sur sa théorie de l'irritation à la Faculté de la rue du Foin, connaissant une assistance croissante, il dut les déplacer d'abord à la rue des Grés puis au Val-de-Grâce. Ne se bornant pas à la propagation orale de ses idées, il publia son *Examen des doctrines médicales* où il critiqua tous les systèmes qui avaient précédé le sien, d'Hippocrate jusqu'à Pinel, se posant l'inventeur et le seul détenteur de la vérité médicale. Il préconise un traitement par des saignées et des sangsues qu'il voudra utiliser dans le traitement de l'épidémie de choléra de 1832. Il se voulut également philosophe, rattachant sa théorie physiologique aux actes intellectuels et moraux dans son ouvrage *L'Irritation et de la Folie*. Il entrera à l'Académie des Sciences morales et politiques conservant ses partisans malgré ses incohérences et ses outrances. Mignet prononça son panégyrique à l'Académie mêlant son enthousiasme pour l'homme aux réticences à sa théorie. Faisant suite à un engouement collectif, cette théorie disparut avec son inventeur, mais le nom de Broussais fut cependant donné à un grand hôpital parisien.

Cette biographie de Broussais n'est pas inutile pour comprendre ce que fut sa théorie de l'irritation et sa pratique de la déplétion sanguine. On y retrouve la fougue du corsaire de ses débuts et la détermination du médecin militaire d'empire. Certains ont incriminé la « dictature » de Broussais sur les esprits médicaux français de son époque, mais sa position sur les émissions sanguines s'inscrivait dans une longue tradition tant universitaire que populaire. Les concepts d'*inflammation*, d'*exaltation* et d'*irritation*, en fait très voisins, se retrouvent dans les conceptions de Samuel Tissot et de Philippe Pinel qui fut son inspirateur avant de devenir sa cible. L'inflammation d'un organe est l'exaltation de l'action du sang dans cet organe. Dans son ouvrage l'*Examen de la doctrine médicale généralement adoptée et des systèmes modernes de nosologie* Broussais utilise indifféremment ces termes : « *irritation du système sanguin, que l'on désigne sous le nom d'inflammation. L'inflammation est le plus haut degré de l'irritation organique, les irritations sanguines sont le véritable sens du mot inflammation. L'inflammation consiste dans la surexcitation, ou si l'on aime mieux, dans la précipitation de l'action du système capillaire sanguin* ». Cette phraséologie dans laquelle se complait l'auteur se développe en dehors de toute preuve scientifique mais justifie à ses yeux de s'en prendre à sa cause par la déplétion sanguine. Toutes les maladies, y compris la phtisie et le cancer, sont des inflammations qui ont pour origine une irritation gastro-intestinale ayant provoqué, par réaction vasculaire et relations nerveuses, une activité exagérée du sang.

Ces explications chosistes de la physiopathologie tiennent pour une large part à l'ignorance des composants du sang. Gabriel Andral récuse les informations que pourrait apporter la microscopie en écrivant : « *Quant aux altérations que le microscope nous révèle, nous les passerons sous silence... parce qu'elles n'offrent rien de bien distinct et de bien tranché* ». Il est étonnant de constater que des hématologistes reconnus comme Andral en soient restés à une observation physique du sang sans tenir compte des progrès récents en chimie et biologie cellulaire. Le seul marqueur de l'inflammation reconnu est le taux augmenté de fibrine, en particulier dans la pneumonie et le rhumatisme articulaire aigu, qui justifieront pour Jean-Baptiste Bouillaud, 1796-1881, l'utilisation à outrance de la saignée dans ces deux maladies. Celui-ci, qui a aussi appris les rudiments de la médecine au cours des dernières campagnes napoléoniennes, illustre les avancées dans la compréhension des maladies, avec le rapprochement qu'il fait entre le rhumatisme articulaire aigu et les valvulopathies cardiaques, les errances qui le conduisent à s'opposer à Pasteur et à soutenir la médecine antiphlogistique de Broussais, impliquant l'usage immodéré des saignées, au coup sur coup, en cas de fièvre et dans le rhumatisme articulaire aigu.

Armand Trousseau, 1801-1867, s'opposa à la théorie physiologique de Broussais qu'il considère comme une pédanterie inassumable. Dans son *Traité de thérapeutique*, écrit avec Pidoux, ils essaient de redéfinir des notions comme inflammation et fièvre que Broussais n'avait pas contribué à éclaircir. Les considérations de Trousseau, confèrent à la fièvre, dans une vision finaliste, un rôle curatif sauf lorsque celle-ci prend trop d'intensité et met la vie en péril. Parmi les moyens antiphlogistiques à sa disposition, Trousseau écrit : « *Les émissions sanguines ne sont donc jamais immédiatement curatives et par elles-mêmes, mais constituent seulement des moyens adjuvants, de puissants, d'admirables procédés thérapeutiques pour enlever à l'organisme une partie plus ou moins considérable des éléments morbifiques, simplifier et rendre moins laborieuses, moins pénibles, moins longues et par conséquent moins périlleuse la synergie pathologique, les opérations élaboratrices et éliminatrices de l'économie* ». On n'est guère beaucoup plus avancés qu'avec Broussais car ni la bactériologie, ni l'immunité, n'ont encore fait les progrès décisifs qui permettront de sortir de ces *théories morbifiques*.

Emile Bertin, en 1878, esquisse un pas supplémentaire puisque les arguments s'accumulent contre la théorie sanguine de l'inflammation dont la cause reste encore inconnue. Tout en exprimant ses doutes, Bertin ne parvient pas à se dégager de la séduction de la saignée en lui concédant un rôle indirect : « *Ainsi, la saignée, en réduisant les congestions locales, en résorbant les sucs interstitiels, en appauvrissant le plasma sanguin, peut indirectement combattre le travail inflammatoire bien qu'elle ne puisse en atteindre la lésion primordiale et encore moins la cause première et intime... Tirer du sang, c'est diminuer l'alimentation du foyer des oxydations exagérées... La saignée éteint par conséquent le feu de la fièvre* ». Ce genre d'opinion en demi-teinte va tendre à disparaître devant l'inquiétude grandissante de nombreux médecins devant ses effets indésirables. Certains étaient fâcheux, hématomes, infections, blessures tendineuses voire artérielles, d'autres étaient beaucoup plus graves, collapsus, décès. Certains cas célèbres illustrent cette prise de conscience des médecins et de l'opinion ; Marie-Thérèse d'Autriche est morte à 45 ans des suites d'un abcès axillaire, très probablement aggravées par des saignées. Georges Washington, victime à 67 ans d'un syndrome d'allure grippale se vit soustraire près de quatre litres de sang en trois jours et mourut manifestement exsangue.

Des médecins, de plus en plus nombreux, s'élèvent contre les excès de la saignée, à la suite notamment de Pierre Boyer de Prébandier, médecin de la faculté de Montpellier, auteur en 1759 d'un ouvrage, *Des abus de la saignée,* estimant que *détruire ceux de la fréquente saignée ne serait pas l'un des moindres services rendus à l'humanité.* Hormis des diatribes passionnées, manquait encore une démonstration scientifique irréfutable. Celle-ci fut apportée à partir de 1828 par Pierre-Charles Alexandre Louis dans son ouvrage *Recherches des effets de la saignée sur quelques maladies inflammatoires.* Pionnier de la médecine fondée sur des preuves, démontrée par les faits et des données quantifiées, il apportait une démonstration argumentée sur l'inutilité de la saignée dans le traitement de la pneumonie chez des groupes de malades saignés à des moments différents. Il démonte les critiques qui lui sont faites concernant l'impossibilité d'obtenir des séries suffisantes totalement appariées. Même si l'on en est encore loin des études actuelles en double aveugle, la tentative de Louis est une première convaincante. Un autre opposant de taille fut Philippe Pinel qui, après avoir libéré les aliénés de leurs entraves, supprima la pratique des saignées considérées comme seul traitement de la folie. Si son opposition à la saignée est indiscutable, certains mettent en doute la prééminence de son rôle dans la libération des fous de Bicêtre, estimant que le mérite en revient à son adjoint, Jean-Baptiste Pussin, et que le célèbre tableau où l'on voit Pinel libérant les aliénés de leurs entraves est une mystification. En 1880, Vinay écrit : « *Une phlébotomie devient presque un événement dans une salle d'hôpital* ».

Il en fallait encore plus pour faire cesser les pratiques des saignées, des ventouses scarifiées et des sangsues, qui se prolongèrent au-delà de la moitié du XXe siècle chez des praticiens qui étaient viscéralement attachés aux déplétions sanguines [2]. Il ne reste plus aujourd'hui de la saignée que quelques indications spécifiques, scientifiquement argumentées. Les indications de la soustraction sanguine au cours de l'œdème du poumon avaient leur justification du fait de son efficacité

---

[2] Étant enfant, je me souviens que mon père, bronchitique chronique, se faisait souvent poser des ventouses par une vieille tante, tandis qu'une des attractions était d'aller voir les bocaux de sangsues dans la pharmacie Corbeau, au bord de la rue de Lannoy à Roubaix. Lorsque je préparais le concours d'externat, le traitement de l'œdème aigu pulmonaire (OAP) comportait encore la « triade héroïque » dont la saignée était un des trois éléments essentiels.

spectaculaire sur l'état respiratoire du patient jusqu'à ce que les diurétiques d'action rapide la remplacent dans les formes habituelles et que la ventilation assistée permette une rétrocession rapide dans les formes majeures.

La fin du XIXe siècle va coïncider avec l'essor de la chirurgie. La découverte en 1846 de l'anesthésie à l'éther par Morton, puis en 1848 de l'anesthésie au chloroforme par Simpson, voit leur utilisation se généraliser très rapidement. Les chirurgiens, que Gilbert Schlogel appelle « *Les Princes du sang* », vont pouvoir pratiquer des interventions de plus en plus complexes, tel Eugène Doyen, développant la technique opératoire avec une instrumentation moderne. L'anesthésie les oblige toutefois à intervenir avec une très grande rapidité, les exérèses de tumeur se faisant parfois à l'arraché malgré les pinces, ligatures et thermocautères. Les hémorragies demeurent donc une des causes principales de décès d'autant que la transfusion ne pourra se développer qu'après 1900 avec la découverte par Landsteiner des groupes sanguins. Péan, qui opérait en habit, ne se protégeait parfois des projections de sang que d'une simple serviette nouée. Il fallait une grande dextérité pour réaliser des interventions dans un minimum de temps, et dans les années 1970-80 j'ai assisté à la transition de chirurgiens remarquables capables d'effectuer une gastrectomie en vingt minutes alors que leurs élèves mettaient quatre fois plus de temps pour effectuer minutieusement les hémostases. Parfois cette rapidité se payait en hémorragies et je me souviens de résections recto sigmoïdiennes en deux temps, où, après le temps abdominal, le temps périnéal débutait par une inondation hémorragique cataclysmique, qu'il valait mieux prévoir en ayant commandé du sang et en débutant le remplissage vasculaire avant l'ouverture du plancher périnéal.

Les indications toujours d'actualité persistent au nombre de quatre dans les domaines de l'hématologie et de la génétique métabolique. En hématologie, la saignée peut être indiquée dans la polyglobulie primitive de la maladie de Vaquez, mais son efficacité est de courte durée car elle ne fait que stimuler la production d'hématies. Le véritable traitement étiologique fait appel au phosphore radioactif susceptible d'en freiner la synthèse et la libération. De même au cours de la drépanocytose, les saignées utilisées avec discernement dans ce contexte d'anémie chronique, ont montré leur efficacité pour diminuer la gravité et la fréquence des crises vaso-occlusives liées à l'effet obstructif des vaisseaux par les hématies falciformes.

Dans le domaine de la génétique métabolique, une grande indication des saignées reste la porphyrie cutanée tardive dont les signes cutanés sont très améliorés par des saignées itératives. Les hémochromatoses génétiques sont l'indication essentielle des saignées, en particulier l'hémochromatose de type 1 liée au gène HFE à côté d'autres formes beaucoup plus rares d'hémochromatoses juvéniles, de type 2A et 2B, liées à des mutations respectivement des gènes de l'hémojuvénile et de l'hepcidine, ainsi que l'hémochromatose de type 3, par mutation du gène du récepteur de la transferrine 2. Dans ces trois formes d'hémochromatose c'est une baisse de la production hépatique de l'hormone du fer, l'hepcidine, qui est à l'origine de la surcharge en fer des organes. Dans une quatrième forme, l'hémochromatose 4, c'est une rare mutation de la ferroportine, qui est responsable d'une résistance cellulaire à l'hepcidine. Dans l'attente de traitements visant l'hepcidine, les saignées restent le traitement de base de l'hémochromatose.

Ce sont paradoxalement les excès de la saignée qui conduiront le 15 juin 1667, Jean-Baptiste Denis, médecin de Louis XIV, à proposer de transfuser du sang d'agneau à un jeune garçon de 15 ans, saigné à blanc par vingt saignées, ce qui le sauvera et sera à l'origine de la transfusion sanguine.

LA TRANSFUSION SANGUINE

HISTOIRE ET TÂTONNEMENTS

Alors que la pratique de la saignée a connu un rapide déclin à la fin du XIXe siècle, c'est à partir de cette même période que la transfusion sanguine va se développer de manière fulgurante. L'histoire de la transfusion sanguine semble tout aussi ancienne que celle de la saignée, remontant à l'antiquité, mais elle tardera à connaître un développement important. La mythologie en évoque la possibilité. Dans les métamorphoses d'Ovide, le remplacement du sang est décrit comme un moyen magique qui aurait permis à Médée de rajeunir Aeson à la requête de son fils Jason afin de pouvoir assister au retour des Argonautes. Après une longue préparation dans un chaudron d'une potion constituée de nombreux ingrédients, aidée par sa confidente Hécate, Médée tranchera la gorge du vieillard pour le vider de son sang et le remplacer par la potion magique, disant : « *Tirez vos épées et faites couler le sang, je remplirai d'un sang jeune les veines vides* ». Pline l'Ancien rapporte que les lépreux s'abreuvaient du sang des gladiateurs. Il semble que des essais furent tentés dans l'Égypte ancienne, et l'on en retrouve mention dans le *Traité d'anatomie* d'Hérophile. Dans la plupart de ces tentatives, le sang transfusé provenait d'animaux, mais l'on manque de données certaines sur ces pratiques.

Beaucoup d'ouvrages font remonter la première transfusion interhumaine à 1492, date à laquelle le pape Innocent VIII, agonisant, aurait reçu l'injection du sang de trois garçons de dix ans qui seraient morts des prélèvements sanguins réalisés. Le pape lui-même n'y aurait pas survécu et serait mort trois jours plus tard, le 25 juillet 1492. Ce pape, qui avait sept enfants, dont deux légitimes, avant son entrée dans les ordres, s'illustra par une corruption, une vénalité, un népotisme effréné. Il fit la chasse aux sorcières et approuva la répression exercée par l'Inquisition espagnole, dont il confia la direction au terrible Torquemada. On cite le nom du médecin juif, Giacomo di San Génésio, qui aurait procédé à la transfusion, décrite dans la biographie de Jérôme Savonarole, écrite en 1888 par Pascal Villari. Mais, dans son *Histoire du sang*, en 2013, Gérard Tobelem estime cependant que « *aucun récit historique fiable ne permet d'authentifier* » l'évènement.

Malgré la description du système sanguin par André Vésale dans *De Humani Corporis Fabrica* en 1543, il faudra attendre1628, avec William Harvey pour parler de la circulation du sang dont on ignorait encore ce qu'il transportait. Il ne semble pas que les connaissances de la circulation qu'avaient les médecins arabes, en particulier Ibn al Nafis (1233-1288), aient conduit à la pratique de transfusions. En revanche, dans le prolongement des travaux de William Harvey, les instruments nécessaires, garrots, canules veineuses, sont mis au point en 1665 par Christopher Wren, l'architecte de la cathédrale Saint-Paul de Londres, que Denis utilisera pour la première transfusion. Parallèlement à l'acquisition des connaissances sur la circulation sanguine, l'étude du sang au XVIIe siècle va bénéficier de l'étude au microscope par Marcello Malpighi et surtout Anton Leeuwenhoek, drapier à Delft, qui construisit lui-même et perfectionna ses microscopes, dont il taillait les lentilles. Il donna le 7 juillet 1700, une description précise des globules rouges que Swammerdam fut le premier à dessiner dans les capillaires de l'intestin. Leeuwenhoek définit leur taille, assez proche des 7,5 microns qui leur sont reconnus aujourd'hui, leur circulation dans les capillaires et leur capacité de sédimentation dont il fut possible de mesurer la vitesse. Il faudra cependant près de deux siècles pour que le globule rouge soit reconnu comme cellule, à la suite des travaux de Virchow. Les globules blancs seront identifiés pour la première fois dans le sang par Lazaro Spallanzani en1768, les mouvements de leurs pseudopodes seront décrits en 1845 par l'anglais Thomas Wharton et leur activité de phagocytose par Elie Metchnikoff, collaborateur de l'Institut Pasteur de Paris. Les plaquettes seront découvertes en 1840 par Alfred Donné.

L'idée de la transfusion au XVIIe siècle agitait beaucoup de savants. Francis Potter, un ami de Harvey, aurait pratiqué des transfusions dès 1639, et décrivait, dans une correspondance avec John Aubrey en 1652, la technique du recueil du sang du donneur et sa transfusion à l'aide de pompes hydrauliques, mais la plupart des lettres qu'ils échangèrent disparurent.

La première transfusion humaine de manière bien documentée remonte au XVIIe siècle. L'idée se serait développée, dix ans avant la première transfusion, dans un cabinet de curiosités, rassemblant dans la maison du comte de Montmort, quai des Augustins à Paris, un cénacle de savants, acquis à la théorie d'Harvey sur la circulation. Jean-Baptiste Denis, professeur de philosophie et de mathématiques, qui ne deviendra médecin qu'en janvier 1670, en faisait partie et, dans une correspondance avec le comte de Montmort, il décrit les nombreuses expériences qu'il tenta chez l'animal pour conforter son idée novatrice. Sa démarche expérimentale fut véritablement scientifique, effectuant chez dix-neuf chiens des transfusions uniques ou répétées. Après ces expériences entre même espèce, il effectua des transfusions inter espèces du mouton au chien. Il recueillit ensuite l'assentiment éthique de savants et de philosophes au projet de transfusion inter espèce chez l'homme.

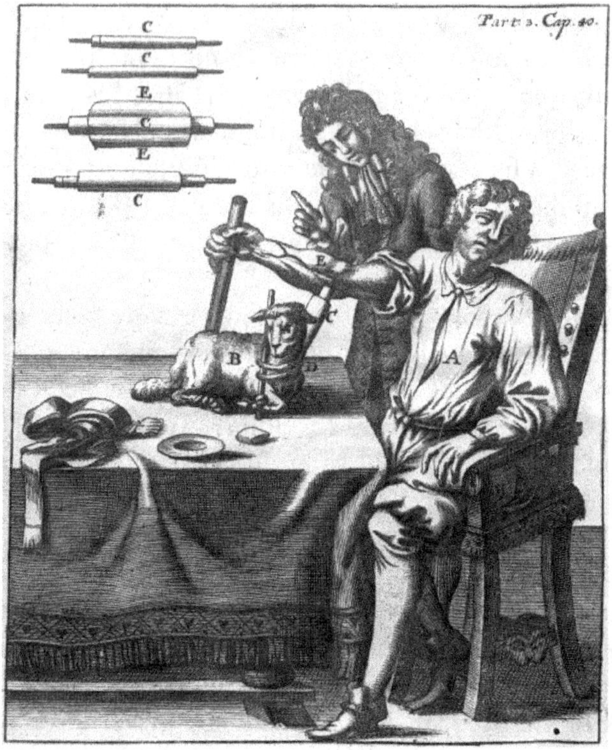

7. Transfusion du sang d'un agneau, 15 juin 1667.

Le 15 juin 1667, Denis injecte le sang d'un jeune agneau à un garçon d'une quinzaine d'années atteint d'une fièvre qui avait résisté à une vingtaine de saignées. Considérant la pâleur et la faiblesse de l'enfant, il en déduit que ce traitement l'a considérablement affaibli. Le jour de la transfusion, à cinq heures du matin, il prélève à nouveau trois onces de sang avant d'injecter une quantité trois fois plus importante, soit environ 300 millilitres, de sang d'agneau. Suivant le récit, le patient se rétablit aussitôt de façon spectaculaire. Le second transfusé fut un homme sain, rémunéré, qui consomma en boissons tout l'argent reçu. Le receveur suivant fut un noble suédois, de passage à Paris, très affecté par une fièvre, des vomissements, une perte de conscience, aucunement amélioré par les saignées. Transfusé par deux fois par du sang de veau il mourut au soir de la seconde transfusion, mais il fut considéré que son état était désespéré et la mort sans relation avec la transfusion.

L'année suivante, Denis récidive à quatre reprises, dans des pathologies mentales qu'il considérait comme l'indication de choix. Deux patients survécurent, mais Antoine Mauroy, un malade qui présentait des accès de folie furieuse répétés, meurt après avoir été transfusé à deux reprises avec du sang de veau. Le patient présente des réactions d'intolérance avec malaises et hématuries de sang noirâtre consécutives à l'hémolyse. Il survécut deux mois mais mourut début février 1668, alors qu'une troisième transfusion était envisagée. Sa veuve porte plainte mais Denis sera mis hors de cause ayant argué qu'il n'avait pu réaliser la troisième transfusion faute de trouver une veine. Cependant, le 17 juin 1668, le lieutenant criminel du Chatelet décide que les transfusions ne pourront être pratiquées qu'après autorisation de la faculté de médecine de Paris, sous peine de prison. En 1675, le Parlement de Paris aggrave l'interdiction en limitant la transfusion à l'expérimentation animale et en interdisant totalement la transfusion chez l'homme sous peine de punition corporelle.

Si l'antériorité de la première transfusion est attribuée en France à Denis, celle-ci est reconnue en Angleterre à des Anglais. Les travaux et les découvertes font l'objet à cette époque de publications dans des revues médicales et scientifiques dans un délai très court après leur découverte. L'une des premières et les plus renommées parut en Grande-Bretagne peu avant la création du *Journal des scavants* en France, ce qui explique le souhait de Denis de publier dans *Philosophical Transactions of The Royal*

College. Les résultats auraient dû être publiés dans le numéro du 22 juillet 1667 à la suite d'une lettre adressée à la Royal Society de Londres mais du fait de l'emprisonnement, pour avoir critiqué le roi Charles II, de l'un de ses rédacteurs en chef, Henry Oldenburg, la sortie du numéro de juillet 1667 fut bloquée, la maquette fut composée, quelques exemplaires imprimés mais la publication de Denis se limita à un *Advertisement*. Des médecins britanniques, Richard Lower, Edmund King et Thomas Coxe, publieront dans le même journal le 23 novembre 1667, ce qu'ils présenteront comme une première transfusion humaine. Il s'en suivit une vive controverse franco-anglaise sur la primauté de la première transfusion, Denis se disant victime d'une censure éditoriale, le privant de se sa propriété intellectuelle et de l'antériorité de sa publication. C'est cette même année que Claude Tardy publiera son traité sur l'utilité de la transfusion de sang d'homme à homme dans les maladies, sans toutefois avoir la possibilité d'en pratiquer.

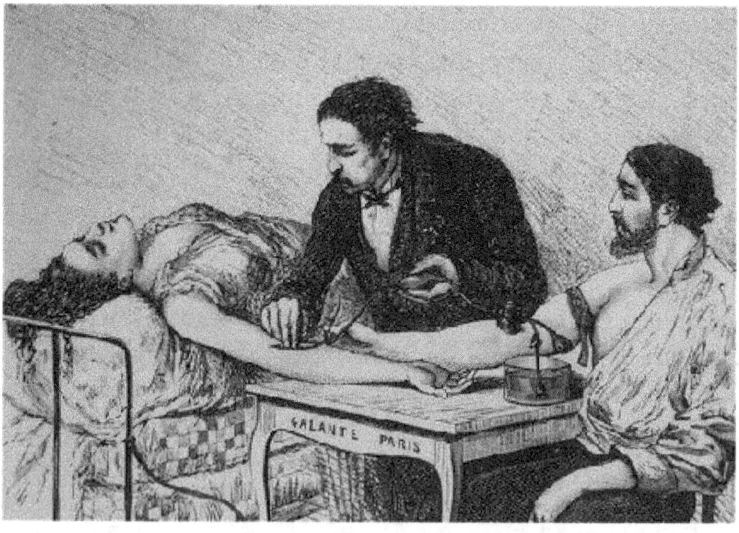

8. Transfusion de bras à bras.

Les expérimentations animales se poursuivent donc, et en 1788 une démonstration est apportée chez le chien, affaibli par une déplétion sanguine, qui est rétabli par la seule transfusion d'une quantité similaire de sang. On sait désormais que le sang sert à transporter aux organes l'oxygène indispensable à la vie. C'est cette découverte qui va faire progresser de façon déterminante les connaissances sur le rôle du sang. Elle découle directement des travaux de Lavoisier. Lavoisier était fermier-général et régisseur des poudres et salpêtres à l'Arsenal où il disposait d'un laboratoire qui lui permettra de mener ses travaux. Il y démontre la consommation de l'oxygène, la production du gaz carbonique qu'il pourra quantifier, grâce au concours de Laplace, avec lequel il mettra au point la calorimétrie. Il démontre que l'air est en fait un mélange d'azote et d'oxygène. Son *Traité élémentaire de chimie*, publié en 1789, résume ce que fut la révolution scientifique et l'importance de ses découvertes. Malgré cela, sa condition de fermier général lui valut d'être guillotiné, le président du tribunal révolutionnaire déclarant : « *La république n'a pas besoin de savants* » dans le droit fil de la suppression des facultés de médecine, la république n'ayant pas besoin de charlatans mais de soldats.

En 1818 de nouvelles transfusions humaines sont tentées mais la transfusion de sang provenant d'animaux est abandonnée en raison de nombreux accidents. C'est en 1818, mais plus vraisemblablement en 1829, que James Blundell, un obstétricien du Guy's Hospital, réalisa la première transfusion inter humaine dans les hémorragies de la délivrance qui en constituèrent la première indication. Outre les incidents d'incompatibilité, de nombreux problèmes surviennent, liés à la coagulation rapide de sang humain et à la transmission de maladies. La coagulation rapide du sang prélevé fait que ce n'est qu'en 1917 qu'Emmanuel Hédon parviendra à ranimer des animaux saignés à blanc en leur transfusant leur propre sang rendu incoagulable par l'addition de citrate. Les transfusions de sang humain donnent également des accidents mais en moindre nombre. Les médecins pressentent les bienfaits que pourrait apporter la transfusion mais butent principalement sur les incompatibilités immunitaires.

9. James Blundell.
Première transfusion inter humaine du postpartum. 1829.

En 1788 et 1790, la Société Royale de Médecine s'interrogea sur la question des maladies héréditaires demandant aux scientifiques de les caractériser et de proposer des solutions pour les éradiquer. Le sang est souvent évoqué dans les publications où l'on incrimine une contamination du sang du nouveau-né par le sang de la mère. L'hypothèse d'un « virus », dormant dans le sang, susceptible de rester longtemps caché au sein d'une même famille, pouvant sauter plusieurs générations puis réapparaître, est alors évoquée. Pour remédier aux maladies sanguines héréditaires, les médecins suggèrent de surveiller les alliances, en particulier consanguines, en évitant la diffusion du « mauvais sang » par des mesures eugénistes. Parmi ces affections, l'hémophilie était connue depuis l'antiquité. Le Talmud de Babylone, au IIe siècle avant notre ère, dispensait de pratiquer la circoncision des garçons dont deux frères ainés étaient morts d'hémorragies lors de la circoncision. Abulcasis, au XIIe siècle, décrivit la mort de jeunes garçons morts de blessures minimes. Dès sa première description clinique par J.C. Otta en 1803, était évoquée une transmission génétique. L'appellation d'hémophilie fut donnée par F. Hopff en 1828.

Les circonstances historiques les plus célèbres, qui lui firent donner le nom de « maladie royale », furent la transmission par la reine Victoria de l'hémophilie aux familles royales d'Espagne, d'Allemagne et de Russie. Bien qu'aucun antécédent d'hémophilie n'ait été décelé dans son ascendance mâle, Victoria transmit le gène de l'hémophilie à plusieurs de ses enfants. Elle eut neuf enfants : six filles et trois garçons dont deux furent indemnes, en particulier son successeur le roi Edouard VII, tandis que le duc d'Albany, gravement atteint, mourra prématurément d'hémorragies multiples. Des six filles, deux seront conductrices. Alice épousera le grand-duc Louis de Hesse-Darmstadt dont elle aura sept enfants dont une fille conductrice épousera en 1894 le tsar Nicolas II. Ils auront cinq enfants, dont quatre filles en bonne santé, et un fils, le tsarévitch Alexis, porteur d'une hémophilie sévère. Sa maladie sera à l'origine de l'emprise délétère de Raspoutine sur la famille impériale et le gouvernement de la Russie.

De façon similaire, une seconde fille de Victoria, Béatrice épousa le prince Henri de Battenberg. Ils eurent trois garçons dont un hémophile et une fille conductrice qui se maria en 1906 au roi d'Espagne Alphonse XIII. De leurs sept enfants, deux garçons, Alfonso et Alonso, présentèrent dès l'enfance de graves hémorragies dont ils mourront jeunes, dont le second dans un accident de la route. Le roi, incapable de faire face à la maladie de ses fils et à une situation politique difficile, abdiqua en 1931.

En 1944, Pavlovski, de Buenos Aires montra l'amélioration d'un hémophile A par la transfusion du sang d'un autre hémophile B et réciproquement. La génétique confirmait que l'hémophilie A était due à une mutation du gène F8 du locus q28 du chromosome X codant le facteur VIII de la coagulation, alors que l'hémophilie B impliquait une mutation du gène F9 du locus q27 du chromosome X codant le facteur IX de la coagulation. La localisation des anomalies sur le chromosome X, unique chez l'homme, avec une configuration XY, alors qu'il est double chez la femme, avec une paire XX, rend compte du caractère masculin de l'affection, qui touche 1/5000 garçons. Les premiers essais de thérapie génique qui ont eu lieu en 2011 semblent aujourd'hui sur le point d'aboutir.

10. Karl Landsteiner, 1868-1943.

L'événement fondamental ayant permis le développement de la transfusion sanguine est la découverte, en 1900 par Karl Landsteiner, des groupes sanguins A, B et O, complétée en 1901, par celle du groupe AB. En mélangeant le sang d'un sujet avec le sang d'autres patients, il constate que le sang agglutine ou non les globules rouges. En effectuant le test préalablement aux transfusions, celles-ci désormais habituellement réussissent. Karl Landsteiner est né le 14 juin 1868 à Vienne. Son père, Léopold, juriste, éditeur de revues, meurt lorsqu'il a six ans. Il est élevé par sa mère, Fanny Hess, à qui il voue un véritable culte. Il obtient son diplôme de docteur en médecine à Vienne en 1891 et s'oriente vers la biologie. De 1896 à 1907, il est assistant à l'Institut d'anatomie pathologique où il effectue plus de 3600 autopsies. Sa découverte des premiers groupes sanguins en 1900, publiée dans une revue allemande, reste confidentielle jusqu'à la formulation en 1909 de la classification des groupes sanguins, le système ABO. Cette classification sera reprise par Jan Jansky et en 1910, Ludwik Hirszfeld démontre l'hérédité des groupes sanguins ouvrant sur les recherches de paternité. Après la première guerre mondiale, il poursuit ses recherches aux Pays-Bas, où il étudie la composition biochimique des antigènes des molécules des groupes sanguins, qui sont des sucres, le conduisant en 1921à la mise au point d'antigènes de synthèse, les haptènes. En 1923, il rejoint l'Institut Rockefeller de New York où il terminera sa carrière. En 1927, il identifie avec Levine un troisième système antigénique, lié à la présence sur les hématies des antigènes M et N. Ce n'est que tardivement, en 1930, qu'il reçoit le prix Nobel pour « *sa découverte des groupes sanguins chez l'humain* ». En 1940, avec Alexander Wiener, il identifie le facteur rhésus, responsable de la maladie hémolytique du nouveau-né. Il meurt, le 26 juin 1943, deux jours après avoir été victime d'un malaise cardiaque dans son laboratoire. Ses découvertes des groupes sanguins auront contribué à sauver des millions de vies humaines.

À partir de cette découverte des groupes sanguins, fondatrice de la transfusion, les progrès vont d'abord concerner les aspects techniques de la conservation du sang. La première transfusion indirecte de sang conservé en flacon est réalisée le 27 mars 1914 par un médecin belge, Albert Hustin, après la mise au point de la technique de l'utilisation du citrate de soude en expérimentation animale en 1913 à l'Institut Solvay. Il préleva 150 ml de sang auxquels il ajouta 150 ml d'une solution de glucose à 5%, additionné de 30 cg de citrate de soude. Cette technique ouvrait la voie à la conservation du sang et à son transport. À cette époque, la conservation du sang était limitée à quatre jours et ce n'est qu'en 1943 qu'elle pourra être portée à une trentaine de jours par l'utilisation de dextrose additionné d'un peu d'acide citrique pour éviter la caramélisation du sucre lors de la stérilisation des flacons. Un médecin argentin, Luis Agote, ignorant le travail d'Albert Hustin, crut réaliser une première mondiale en procédant à la transfusion de sang citraté le 9 novembre 1914.

La Première Guerre mondiale sera l'occasion de la diffusion et de nombreux progrès de la technique. En 1917, le médecin major Emile Jeanbrau effectue les 13 et 15 mai les trois premières transfusions de sang conservé. L'*Ambulance de l'Océan*, installée dans le Grand Hôtel de l'Océan à La Panne sur le littoral belge, accueillant les blessés du champ de bataille, fut le lieu de très nombreuses transfusions réalisées en tenant compte des groupes sanguins. Une Association pour l'œuvre de la transfusion d'urgence fut fondée par Arnaud Tzanck à Paris en 1928.

Lors de la Seconde Guerre mondiale, Charles Richard Drew, un jeune chirurgien noir américain, fut chargé en 1940 de superviser un programme de collecte de plasma sanguin, *Blood for Britain*, afin de fournir les hôpitaux anglais lors de la bataille d'Angleterre. Ce fut la l'organisation à grande échelle des prélèvements sanguins testés et conditionnés par un personnel qualifié. Le succès complet, avec en moins de cinq mois environ 15 000 donneurs et plus de 5 500 flacons de plasma récoltés, aboutit à la création de la première banque du sang de la Croix Rouge américaine. Richard Drew s'éleva contre les mesures ségrégationnistes imposées par l'armée américaine, demandant d'abord d'exclure les donneurs noirs de la collecte du sang, puis que les flacons soient distingués selon la couleur de peau du donneur. Fatigué par une nuit de garde, Richard Drew fut victime d'un accident d'automobile dont il mourut d'hémorragies. La relation de son décès à l'hôpital, relayée par la description donnée par Philip Roth dans *La Tache*, suggéra qu'il serait mort faute de soins par racisme ou incompétence du personnel médical, ce qui dut être démenti par l'un de ses collègues, le Docteur John Ford, victime du même accident : « *Nous avons tous reçu les meilleurs soins. Les médecins nous ont pris en charge immédiatement... Drew souffrait d'un syndrome de la veine cave supérieure : le sang venant du cerveau et des bras était bloqué par un caillot ; une transfusion l'aurait tué. Les efforts les plus désespérés auraient été impuissants à le sauver. Je veux dire en toute sincérité que rien n'a été épargné pour lui sauver la vie et contrairement à la légende, le fait qu'il était un Noir n'a en aucune façon joué sur les soins qui lui ont été administrés* ».

Une autre organisation de la transfusion sanguine en pratique de guerre est à porter au crédit du docteur Norman Bethune (1890-1939). Ce médecin canadien, qui a été blessé comme brancardier lors de la bataille d'Ypres, a repris ses études de médecine à l'université de Toronto puis s'engage comme chirurgien dans l'armée britannique et soigne les aviateurs canadiens en France durant les six derniers mois de la Première Guerre mondiale. Chirurgien thoracique, il invente de nouveaux instruments et publie ses innovations techniques. Sensibilisé à la misère et à l'injustice sociale, il rejoint le parti communiste canadien en 1935 et s'engage l'année suivante dans les rangs républicains lors de la guerre d'Espagne. Il organise l'*Unité mobile de transfusion sanguine* sur la ligne de front, une première dans l'organisation de la médecine militaire de l'avant. Déçu par la structure bureaucratique du service sanitaire républicain à l'origine de conflits avec sa personnalité libertaire, il revient brièvement au Canada avant de repartir en Chine où il arrive avec une cargaison de matériel et une infirmière. Il rejoint la huitième armée de route de Mao Zedong à Yan'an dans le nord de la Chine. Dans ce contexte de mobilité et de guérilla, Bethune organise des antennes mobiles chirurgicales transportées à dos de mulet dans les montagnes, prototypes du *Mobil Army Surgical Hospital* (MASH). Il forme des infirmiers et des médecins en un an, précurseurs des « *médecins-aux-pieds-nus* ». Il réalise dans ces conditions précaires des interventions chirurgicales à mains nues, et c'est au cours de l'une d'entre elles qu'en octobre 1939, il se fait une piqûre anatomique à la main et développe une septicémie dont il meurt le 12 novembre 1939. Il fait l'objet d'une immense vénération en Chine et au Canada.

L'histoire moderne de la transfusion sanguine s'articule en plusieurs périodes. La première fut marquée par la découverte des groupes sanguins inaugurée en 1900 par Landsteiner. La seconde fut celle des développements matériels et techniques la rendant possible dans les circonstances les plus diverses. Dans le cadre des progrès technologiques, il faut souligner l'utilisation des plastiques pour les poches et les tubulures. Pendant toute la première partie de ma carrière médicale, les flacons de perfusion étaient en verre, obturés par de solides bouchons de caoutchouc pas toujours aisés à perforer. Une anecdote personnelle me semble intéressante à raconter. Faisant mon service national dans la coopération au Maroc, je fus requis pour poser une perfusion au fils du gouverneur de la province où je venais d'être affecté. On m'apporta en guise de tubulure une boite métallique contenant des tuyaux de caoutchouc « stérilisés » par des pastilles de formol. Ayant rincé tant bien que mal ces tuyaux je branchais la perfusion qui déclencha dans les minutes qui suivirent un choc pyrogènique comme je n'en avais jamais vu qui constitua la plus belle frousse de ma vie. Le jeune homme s'en sortit sans problème mais j'exigeais et obtint des tubulures plastiques sous conditionnement stérile à usage unique auxquelles j'étais accoutumé. La troisième période est celle de la découverte des accidents liés à la contamination du sang et de ses dérivés par de multiples agents pathogènes qui conduisit sans doute à la période suivante qui sera celle du fractionnement du sang en ses différents composants et de l'apparition des substituts du plasma. Largement engagé pour le plasma, avec l'albumine et les solutés macromoléculaires, ce processus de substitution tarde à se concrétiser totalement pour les éléments cellulaires du sang.

Les accidents infectieux de la transfusion sont apparus avec les premières tentatives de transfusion mais n'ont fait l'objet d'une prise de conscience par les médecins et le public que très progressivement. Certains sont rares ou très spécifiques, d'autres par leur ampleur ou la sensibilité particulière de l'opinion ont fait l'objet de développements considérables dans les médias, en particulier l'affaire dite du « *sang contaminé* » par le VIH. Ce drame national eut pour conséquences de renforcer considérablement la sécurité des produits par un nombre croissant de dépistages des affections potentiellement transmises, de réduire les indications et l'usage parfois excessif des transfusions et d'avoir recours à des solutés de remplissage vasculaire et aux transfusions autologues par des techniques de prélèvements anticipés ou de récupération de sang épanché (cells savers).

Le risque bactérien est lié essentiellement à une contamination lors du prélèvement ou de manipulations intempestives mal maîtrisées. Ce risque est normalement réduit par des mesures d'asepsie rigoureuses à tous les stades de la procédure. Les accidents consécutifs à une contamination bactérienne sont constitués par la survenue de septicémies et de choc toxi-infectieux. Une température excessive ou une rupture de la chaîne du froid peuvent constituer des facteurs déclenchants. Les techniques de transfusions autologues différées qui avaient connu un engouement important reculent aujourd'hui en raison du risque de contaminations liées aux manipulations artisanales, plus important qu'avec les procédures standardisées rigoureuses de sélection et de conditionnement du sang et de ses dérivés provenant du don. Bien que le don du sang soit en France bénévole, anonyme et gratuit, le sang est un produit coûteux en raison des nombreux examens de dépistage et des frais de production qu'il nécessite. Dans les années 80, la production du sang et de ses dérivés de fractionnement était devenue une affaire juteuse, l'*or rouge*, dont bénéficièrent le CNTS et divers centres de province.

Le drame du sang contaminé par le virus du SIDA a profondément ému le public et traumatisé les médecins et les responsables de la santé. Les plus grands noms de l'hématologie furent impliqués et les accusations remontèrent jusqu'au plus haut niveau ministériel. Les premiers cas de SIDA furent identifiés en 1981, mais de longues recherches furent nécessaires avant la découverte du virus par l'équipe de Luc Montagnier et de ses modes de transmission, notamment par le sang. Si Françoise Barré-Sinoussi fut associée à l'obtention du Prix Nobel en 2008, Jean-Jacques Chermann fut oublié et Robert Gallo, suspecté de fraude déontologique, en fut écarté. La première information suggérant le lien entre les transfusions et le SIDA date de 1982, mais il ne sera établi qu'en 1984. La traçabilité des produits n'était pas encore une pratique courante. L'inactivation du virus par chauffage ne sera opérationnelle qu'en 1984, mais des produits non chauffés seront distribués, notamment aux hémophiles, jusqu'en 1985. L'ampleur du drame ne sera découverte qu'en 1986.

Le drame est devenu un scandale et les décideurs, accusés d'avoir volontairement occulté le risque et d'avoir retardé la prise de mesures efficaces furent lourdement sanctionnés, Michel Garretta, directeur du CNTS, à quatre ans de prison ferme, Jean-Pierre Allain, à quatre ans de prison dont deux avec sursis et Jacques Roux, directeur général de la santé, à trois ans de prison avec sursis. Michel Garretta, qui était aux États-Unis, est immédiatement arrêté à sa descente d'avion en octobre 1992 et incarcéré à la prison de la Santé. Lors de leur procès en 1999, Laurent Fabius, Premier ministre, Georgina Dufoix, ministre de la Santé, auteure de la célèbre formule « responsable mais pas coupable », furent relaxés. Certaines catégories de patients dépendants de transfusions itératives de sang ou de produits de fractionnement, comme les fractions coagulantes, indispensables aux hémophiles, payèrent un lourd tribut. Un arsenal réglementaire très lourd et très contraignant fut mis en place afin d'accroître la sécurité transfusionnelle à tous les stades du processus. Les risques sont devenus extrêmement faibles mais ne seront jamais inexistants, sauf à changer les paradigmes thérapeutiques, notamment par le recours à la thérapie génique.

Si le risque de transmission du VIH est devenu exceptionnel en France, la transmission du virus de l'hépatite dont la symptomatologie peut rester masquée très longuement reste préoccupante. La sécurité transfusionnelle s'est bâtie sur la sélection des donneurs et des analyses de plus en plus efficaces des virus et des marqueurs sérologiques du sang collecté, en particulier ceux du SIDA et des hépatites B et C. La suppression depuis longtemps de la constitution de pools d'un nombre important de plasmas, les techniques de plus en plus sophistiquées d'inactivation bactérienne, parasitaire et virale, le développement de la traçabilité des produits ont diminué considérablement le risque d'accidents. À l'inverse, les hémoglobines artificielles et les transporteurs d'oxygène, malgré des recherches intensives et très avancées, ne semblent pas en mesure aujourd'hui de supplanter la transfusion du sang et de ses dérivés.

Comme avec la saignée, la transfusion a connu des excès de prescription. Il fut un temps où la transfusion d'un seul flacon de sang était considérée pouvoir faire du bien à un malade ou un traumatisé discrètement anémié. L'efficacité était loin d'être démontrée mais les risques immunitaires et infectieux étaient non négligeables. Il apparut que le maintien de la volémie était, dans bien des cas, plus important que la concentration de l'hémoglobine. L'apparition de substituts du plasma, macromolécules comme les dextrans, les gélatines fluides et les amidons, complétant le recours au sérum physiologique, permit d'éviter le recours à de trop nombreuses transfusions. Là encore, la mise en œuvre de l'hémodilution intentionnelle conduisit à des excès, en particulier pour faire droit à la demande des Témoins de Jéhovah, refusant obstinément toute transfusion, considérée comme une violation de la loi divine. Pour couper court aux arguments du coût élevé du produit, les témoins de Jéhovah proposaient de fournir aux médecins les ampoules d'érythropoïétine pour les engager à renoncer à la transfusion. Dans la perspective d'attirer une clientèle, des cliniques, des médecins et des chirurgiens se firent les propagandistes et les adeptes d'une « *chirurgie sans transfusion* » jusqu'à des taux extrêmement bas d'hémoglobine, allant jusqu'à moins de 4g/l. Les interdits n'ont pas complètement quitté les religions et se retrouvent avec encore plus de rigidité dans les sectes. Le refus de la transfusion, y compris de l'autotransfusion, comme la pratique de tout autre acte thérapeutique, est un droit reconnu par la loi. Des procès ont été intentés par les témoins de Jéhovah à des médecins qui y avaient contrevenu. Des alternatives existent en cas d'hémorragies faibles à modérées, mais lorsque l'hémorragie est massive et engage le pronostic vital, l'assistance à personne en danger prime si le malade n'est pas en état d'exprimer son refus.

Bien que la technique n'ait rien à voir avec la saignée et encore moins avec la transfusion, il me semble intéressant de dire un mot de l'auto-hémothérapie, plus communément appelée auto-sang. Cette méthode empirique est utilisée depuis très longtemps avec succès au dire de ses zélateurs. Je la découvris avec étonnement lors de mon service national en coopération au Maroc. Venant d'un service universitaire de pneumologie très versé dans le traitement de l'asthme, je fus très surpris d'apprendre que des médecins marocains traitaient cette affection par des auto-sangs, réinjectant le sang prélevé de part et d'autre de la trachée cervicale. Cette technique était fondée sur deux symboliques fortes : le sang et la sensation de constriction éprouvée au niveau des voies aériennes, faisant évoquer un effet placebo d'autant plus efficace que les asthmatiques, en raison de l'anxiété ressentie lors des crises, sont psychologiquement sensibles. Certains, à la suite des travaux de Luis Moura, au Brésil, ont suggéré une stimulation immunologique puissante, qui serait efficace dans une liste impressionnante d'affections les plus diverses, que traduirait une augmentation transitoire des macrophages circulants.

LE SANG À LA DÉCOUPE

La transfusion est une transplantation de tissu liquide soumise de ce fait aux contingences de l'immunité. Il était connu de longue date que, extrait de la circulation, le sang se séparait en un culot globulaire et un plasma surnageant. L'étude des constituants et des différentes fonctions du sang devait conduire à imaginer son fractionnement pour utiliser ses composants de façon ciblée en fonction de leur rôle. L'utilisation du *sang total* ou du *sang frais* des débuts de la transfusion est devenue anecdotique. Les Centres de Transfusion Sanguine durent se battre pour extirper de la tête des médecins que ce type de sang était supérieur aux produits transformés qu'ils proposaient. La première distinction se fit donc entre les globules, à qui revenait la fonction de transport de l'oxygène et du gaz carbonique, et le plasma, à qui était dévolu d'abord le rôle de maintien de la volémie. Les concentrés globulaires peuvent être conservés 42 jours à + 4°C. Ils restent le traitement de base des hémorragies aiguës et des anémies non corrigées par les autres traitements.

Pour certaines indications de patients immunisés, une séparation des globules blancs est réalisée pour disposer de produits déleucocytés. Celle-ci s'opère lors du don par aphérèse la conservation des globules blancs n'excédant pas 24 à 48 heures. Pour faire face à des problèmes d'hypoplaquettose majeure, une aphérèse permet l'obtention de concentrés plaquettaires. Un séparateur de cellules automatisé est une centrifugeuse qui permet de prélever lors du don uniquement les plaquettes sanguines et de restituer au donneur les autres composants du sang. Ces concentrés plaquettaires dont la conservation est brève sont indiqués dans les leucémies, les cancers et les aplasies médullaires. À la séparation des constituants cellulaires, s'ajoutent de multiples préparations permettant la production de nombreux médicaments issus du fractionnement industriel du sang. Des thérapeutiques existent actuellement pour stimuler la production leucocytaire ainsi qu'une hormone l'érythropoïétine favorisant la production de globules rouges dans certains types d'anémie et en dehors de tout dopage sportif.

Les médicaments dérivés du plasma sanguin, communément appelés Médicaments Dérivés du Sang (MDS) sont des produits issus du fractionnement du plasma sanguin que sont l'albumine, les immunoglobulines, certains facteurs de coagulation, les antiprotéases et les colles biologiques. Leur utilisation est en constante augmentation, nécessitant, notamment pour les immunoglobulines spécifiques, une classification des priorités. Le sang humain est trop complexe pour que l'on puisse en reconstituer toutes les propriétés par synthèse. Initialement issus du fractionnement selon la technique de Cohn, ils sont parfois remplacés par des produits obtenus par biotechnologies ou génie génétique. Les déficits immunitaires font appel à des immunoglobulines polyvalentes ou spécifiques. Le traitement des troubles de la coagulation fait intervenir le fibrinogène et les facteurs de la coagulation, en particulier, les facteurs anti hémophiliques A, facteur VIII, B, facteur IX, et le facteur Willebrand. Le quotidien, La Voix du Nord, lu ce matin, annonçait une première thérapeutique en France réalisée au CHU de Lille, dans le cadre d'une étude internationale, par la perfusion d'un gène producteur du facteur manquant au niveau du foie. Le succès de la technique serait synonyme de guérison pour les 200 000 hémophiles que compte la France.

Du sang dont on ignorait tout, malgré l'imaginaire puissant qu'il soutenait, on est arrivé à connaître la physiologie, l'immunité, la génétique, ses constituants les plus complexes, leurs rôles et leurs indications thérapeutiques. Ce qu'il a perdu en mystère il l'a largement gagné en efficacité. Pendant toute cette période qui s'achève, la science médicale est parvenue à comprendre la nature et en déduire des traitements. L'ère qui s'ouvre devrait déboucher plus ou moins rapidement sur des produits artificiels, créés par l'homme démiurge, impliquant le recours entre autres à la chimie et au génie génétique, avec des transporteurs d'oxygène, des plasma-expanders et des médicaments imités du sang.

L'un des paradoxes du sang est que le don est gratuit en France mais que ses constituants, en particulier ceux dont la production nécessite une haute technicité, sont extrêmement coûteux. Leur rentabilité, encadrée par un cadre réglementaire et juridique complexe, pose des problèmes éthiques, différemment résolus selon les pays, tant au niveau de l'approvisionnement, dans des pays en voie de développement, que de la commercialisation.

VOYAGE DU SANG HORS DE L'ORGANISME

L'utilisation du sang a connu des développements importants lorsque l'idée vint de le faire circuler en dehors de l'organisme. La chirurgie cardiaque à cœur ouvert ne sera rendue possible que par la circulation extra-corporelle (CEC) du sang mise au point dans les années cinquante. Cette technique de suppléance cardio-pulmonaire assure à la fois la circulation du sang dans l'ensemble du corps par sa fonction pompe, l'oxygénation du sang veineux et un échangeur thermique, susceptible de créer une hypothermie et de maintenir ou restaurer la normothermie. Elle permet d'arrêter temporairement le cœur, de vider ses cavités afin de pouvoir effectuer des gestes chirurgicaux à l'intérieur du cœur. Les techniques d'intervention endo-vasculaire, actuellement en plein développement, permettent de s'en dispenser dans un certain nombre de cas. Une technique de CEC apparue en 1975, l'oxygénation par membrane extra-corporelle (ECMO), connaît une large utilisation en réanimation respiratoire, notamment chez le nouveau-né, permettant de se substituer temporairement à une oxygénation défaillante. Une simple dérivation du sang réalisant l'épuration du sang, une hémodialyse, en dehors de l'organisme dans un rein artificiel permet de pallier l'insuffisance rénale de nombreux malades en attente d'une transplantation.

Une autre technique combine à la fois saignée et transfusion : l'exsanguino-transfusion. Très employée pour traiter la maladie hémolytique du nouveau-né, avant les années 1970, la méthode n'est plus qu'exceptionnellement utilisée. Elle permettait, par le remplacement d'environ 90% de la masse sanguine, de diminuer l'hémolyse en enlevant les globules incompatibles, de corriger l'anémie, d'éliminer les anticorps maternels circulants et d'éliminer la bilirubine responsable de l'ictère et de ses complications neurosensorielles. Le nombre d'incompatibilités fœto-maternelles a considérablement diminué depuis 1970 par l'injection préventive d'immunoglobulines anti-D à la mère et par l'usage de la photothérapie pour limiter le taux de bilirubine et éviter les complications neurologiques telles l'ictère nucléaire. Cette technique comportait à la fois une saignée, destinée à éliminer les éléments toxiques du sang et à remplacer la déplétion sanguine par la transfusion de sang compatible. Exceptionnelle dans l'anémie hémolytique du nouveau-né, l'exsanguino-transfusion conserve quelques rares indications dans certaines parasitoses ou intoxications massives, ayant un impact sur l'hémoglobine.

ANTIGÈNE ET TRANSPLANTATION

La découverte des différents antigènes des systèmes A, B, 0, Rhésus, et Levine, définissait la compatibilité transfusionnelle, hormis des systèmes plus rares et la présence d'agglutinines irrégulières. En 1950, on croit que tout est réglé, pensant qu'il n'y a de groupes que sur les globules rouges. En 1952, Jean Dausset observe un accident transfusionnel sévère chez une femme en postpartum. Vérification faite, la compatibilité entre le sang du donneur et celui de l'accouchée est correcte dans les groupes AB0 et Rhésus. Il émet l'hypothèse d'une incompatibilité dans les groupes de globules blancs. Ces antigènes des leucocytes sont plus exactement des groupes tissulaires, dits Human Leucocyte Antigen (HLA). En effet, les globules blancs sont de véritables cellules avec protoplasme, noyau, membrane.

Le système HLA qui comporte de nombreux sous-groupes est d'une extrême complexité. Les antigènes HLA sont présents sur la majorité des cellules de l'organisme. Dausset va se poser la question de savoir si ce système ne gouverne pas les greffes et transplantations d'organes qui commencent à être pratiquées. Il constate que, dans le service des brûlés de l'Hôpital Saint-Louis, le délai du rejet de greffe est en corrélation avec le degré de compatibilité. Cette découverte, qui vaudra à Jean Dausset l'attribution du Prix Nobel en 1980, va permettre un développement de l'ensemble des greffes d'organes. Elle constituera également un instrument remarquable permettant aux anthropologues, aux historiens, aux géographes de suivre les migrations humaines. L'existence de centaines de millions de combinaisons du système HLA, jointe à des centaines de millions de combinaisons des systèmes des globules rouges rend compte du caractère unique de chaque être humain. Les marqueurs du système HLA sont sous la dépendance des gènes, eux-mêmes supports de l'unicité de l'individu.

Le sang qui est d'une extrême complexité ne fait que refléter l'extraordinaire diversité des cellules de l'organisme. D'un produit connu pendant longtemps uniquement par son aspect offert aux différents sens, sa connaissance a évolué au cours des siècles de ses mouvements dans la circulation avec William Harvey, de son rôle dans le transport de l'oxygène, du gaz carbonique et des nutriments aux cellules, pour arriver aujourd'hui à la connaissance de sa structure cellulaire, biochimique, immunitaire et génétique. Il a semblé à certains étonnant de constater, aussi bien en termes de saignée que de transfusion, que tant d'excès se soient produits. Ces positions extrêmes étaient irrationnelles. Remonté du fond des âges, l'imaginaire du sang, relayé par des interdits sociaux et religieux, a peut-être fait sur réagir médecins et patients. Indissolublement lié à la vie et à la mort, le sang ne pouvait que susciter des positions extrêmes et passionnées.

BIBLIOGRAPHIE SÉLECTIVE

D'importantes revues approfondies de l'histoire de la saignée, de la transfusion et de l'imaginaire du sang, tels La sève de l'homme de Jean Héritier, Le sang de Jean-Paul Roux et Histoires du sang de Gérard Tobelem, rendent superflus d'importants développements que l'on trouvera en se référant à ces ouvrages.

ALBERT Jean-Pierre. *Le sang et le ciel : les saintes mystiques dans le monde chrétien*. Edit. Aubier, 1998

AMIR-MOEZZI Mohammad Ali, DYE Guillaume. *Le Coran des historiens*. Editions Le Cerf, Paris, 2019

APHORISMES ET CONSEILS DE L'ÉCOLE DE SALERNE. Traduits du « Regimen sanitatis salernitatum » par Bleusen de la Martinière en 1749. Union latine d'éditions, Paris

BEAUCHAMP Chantal. Le sang et l'imaginaire médical. *Histoire de la saignée aux XVIIIe et XIXe siècles*. Desclée de Brouwer Edit. 2000

BERNARD Jean. *La légende du sang*. Flammarion Edit. Paris, 1992

BERTIN Emile. Article « Saignée » du *Dictionnaire Encyclopédique des Sciences Médicales*, Dechambre, 1878

BINET Jean-Louis. *Le sang et les hommes*. Collection Découverte Gallimard, Paris, 1988

BOYER DE PREBANDIER Pierre. *Les abus de la saignée*, chez Vincent, imprimeur du duc de Bourgogne, Paris, 1759, réédition Nabu Press, 2011

BRISSOT Pierre. La saignée en médecine : une très longue histoire qui n'est pas encore terminée. *La Revue du Praticien*, 2017 ; 67 : 1154-1158

BRISSOT Pierre. La saignée en médecine : entre illusion et vertu thérapeutiques. *Bull. Acad. Natle. Med.* 2017 ; 201 : 919-928

BROUSSAIS François. *Examen de la doctrine médicale généralement adoptée et des systèmes modernes de nosologie*. Maronval, Paris, 1816

CHANDEZON Christophe, BOUCHET Julien. *Artémidore de Daldis et l'interprétation des rêves*. Les belles lettres Edit. 2014

DELLUC Brigitte et Gilles. Le sang, la souffrance et la mort dans l'art paléolithique. *L'Anthropologie*, 1989; 93: 389-406

DIONIS Pierre. *Cours d'opérations de chirurgie démontrées au Jardin royal*, Paris, 1707, réédition, d'Houry, Paris, 1751

FABIANI Jean-Noël. *1215 : Le quatrième concile du Latran ou la vraie séparation de la médecine et de la chirurgie*. Histoire de la médecine, 2019 ; 3 : 18-22.

FRANCOIS Georges. *Histoire de la saignée*. Association des Amis du Patrimoine Médical de Marseille (AAPMM) 2000

FRETEAU Marie-Nicolas. *Traité élémentaire sur l'emploi légitime et méthodique des émissions sanguines dans l'art de guérir*. Paris, Thomine 1816

GALIEN Claude. De la raison de curer par évacuation du sang. In *Œuvres anatomiques, physiologiques et médicales*, Traduction de Daremberg, 1854; 2: 376-467

GELIS Jacques. Les médecins et les maladies sanguines héréditaires à la fin du XVIIIe siècle. *Annales de démographie historique*, 2019; 137: 101-121

GIRARD René. *La violence et le sacré*. Grasset Edit. Paris, 2014

GIRARD René. *Le sacrifice*. Editions de la Bibliothèque Nationale de France, Paris, 2015

GOUREVITCH Danielle. Le sang dans la médecine antique. *La Recherche*, 1993; 24: 510-515
GUERSENT Jean-Baptiste. *Dictionnaire des Sciences médicales*, Panckoucke, 1820, pp 338-339
HERITIER Françoise. Le sperme et le sang, de quelques théories anciennes sur leur genèse et leurs rapports. *Nouvelle Revue de Psychanalyse*, 1985;32:111-122
HERITIER Jean. *La sève de l'homme de l'âge d'or de la saignée aux débuts de l'hématologie*. Denoël Edit. Paris, 1987
JOUANNA Jacques. Hippocrate, Fayard, 1992
KAHN Laurence. Les maladies impraticables. Humeur et humeurs dans la médecine grecque. *Nouvelle Revue de Psychanalyse*, 1985 ; 32 : 31-49
LAIGNEAU David. *Traicté pour la conservation de la santé et la saignée de ce temps*. M. Henault, Paris, 1650 p. 477-478
LOUIS Pierre-Charles Alexandre. *Recherches sur les effets de la saignée dans plusieurs maladies inflammatoires*. Archives Générales de Médecine, 1828 ; 18 : 321-335
LOUIS Pierre-Charles Alexandre. *Recherches sur les effets de la saignée dans quelques maladies inflammatoires*. Jean-Baptiste Baillière Edit. Paris, 1835
MIGNET François. Broussais. *Revue des deux mondes*. Paris, 1840 ; 23 : 1-40
MOULINIER Laurence. Un aspect particulier de la médecine des religieux après le XIIe siècle : l'attrait pour l'astrologie médicale. *Medicina e religione*, Jun 2010, Rome, Italie. pp.59-86
PEREZ Stanis. Apollon saigné : la phlébotomie à la cour de Louis XIV. *Histoire de la médecine* 2019, 1, 38-40
PHILLIPPE Adrien. *Histoire de la saignée et des révolutions qu'elle a subies*. Bitsch F.V., Vitry, 1855, Gallica Hachette Bnf.

PIACENTINO Pietro, Paolo. *Sopra il modo di sanguinare...* Iacomo Mascardi, Roma, 1613

PLANIS-CAMPY David de. *Discours de la phlébotomie.* J. Périer, A. Buissard, Paris 1621

QUESNAY François. *Traité des effets et de l'usage de la saignée.* D'Houry père, Paris, 1750

REY Roselyne. L'âge d'or de la saignée. *La Recherche*, 1993 ; 24 : 518-527

ROUX Jean-Paul. Le sang. *Mythes, symboles et réalités.* Fayard, Paris, 1988

RUFFIER Jacques, SOURNIA Jean-Charles. *La transfusion sanguine*, Fayard, 1996

SCHERPEREEL Philippe. *Eugène-Louis Doyen. Chirurgien génial et scandaleux de la Belle Epoque.* L'Harmattan Edit. Paris, 2018

SCHLOGEL Gilbert. *Les Princes du Sang*, Le Livre de Poche, 1994

SENAC Jean-Baptiste. *Traité de la structure du cœur, de son action et de ses maladies*, Jacques Vincent, Paris, 1749

TARDY Claude. *Traité de l'écoulement du sang d'un homme dans les veines d'un autre.* Paris, 1667

TOBELEM Gérard. *Histoires du sang.* Perrin Edit., 2013

TROUSSEAU Armand, PIDOUX Hermann. *Traité de thérapeutique et de matière médicale*, Béchet-Jeune, Paris, 1839

TABLE DES ILLUSTRATIONS

TABLE DES MATIÈRES

Structures éditoriales du groupe L'Harmattan

L'Harmattan Italie
Via degli Artisti, 15
10124 Torino
harmattan.italia@gmail.com

L'Harmattan Hongrie
Kossuth l. u. 14-16.
1053 Budapest
harmattan@harmattan.hu

L'Harmattan Sénégal
10 VDN en face Mermoz
BP 45034 Dakar-Fann
senharmattan@gmail.com

L'Harmattan Cameroun
TSINGA/FECAFOOT
BP 11486 Yaoundé
inkoukam@gmail.com

L'Harmattan Burkina Faso
Achille Somé – tengnule@hotmail.fr

L'Harmattan Guinée
Almamya, rue KA 028 OKB Agency
BP 3470 Conakry
harmattanguinee@yahoo.fr

L'Harmattan RDC
185, avenue Nyangwe
Commune de Lingwala – Kinshasa
matangilamusadila@yahoo.fr

L'Harmattan Congo
67, boulevard Denis-Sassou-N'Guesso
BP 2874 Brazzaville
harmattan.congo@yahoo.fr

L'Harmattan Mali
Sirakoro-Meguetana V31
Bamako
syllaka@yahoo.fr

L'Harmattan Togo
Djidjole – Lomé
Maison Amela
face EPP BATOME
ddamela@aol.com

L'Harmattan Côte d'Ivoire
Résidence Karl – Cité des Arts
Abidjan-Cocody
03 BP 1588 Abidjan
espace_harmattan.ci@hotmail.fr

L'Harmattan Algérie
22, rue Moulay-Mohamed
31000 Oran
info2@harmattan-algerie.com

L'Harmattan Maroc
5, rue Ferrane-Kouicha, Talaâ-Elkbira
Chrableyine, Fès-Médine
30000 Fès
harmattan.maroc@gmail.com

Nos librairies en France

Librairie internationale
16, rue des Écoles – 75005 Paris
librairie.internationale@harmattan.fr
01 40 46 79 11
www.librairieharmattan.com

Librairie l'Espace Harmattan
21 bis, rue des Écoles – 75005 Paris
librairie.espace@harmattan.fr
01 43 29 49 42

Lib. sciences humaines & histoire
21, rue des Écoles – 75005 Paris
librairie.sh@harmattan.fr
01 46 34 13 71
www.librairieharmattansh.com

Lib. Méditerranée & Moyen-Orient
7, rue des Carmes – 75005 Paris
librairie.mediterranee@harmattan.fr
01 43 29 71 15

Librairie Le Lucernaire
53, rue Notre-Dame-des-Champs – 75006 Paris
librairie@lucernaire.fr
01 42 22 67 13

www.ingramcontent.com/pod-product-compliance
Lightning Source LLC
LaVergne TN
LVHW010055061026
849532LV00004BC/1563
* 9 7 8 2 3 4 3 1 9 1 5 9 1 *